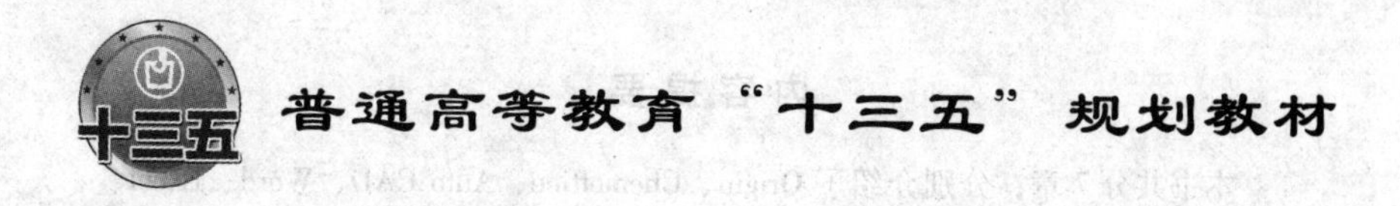

计算机在现代化工中的应用

李立清　邹来禧　肖友军　编著

北京
冶金工业出版社
2018

内容提要

本书共分7章，分别介绍了Origin、Chemoffice、Auto CAD、Word、Excel、PowerPoint和Aspen Plus软件的使用方法以及在化工行业中的应用。

本书可作为化学工程、应用化学、冶金工程、矿冶工程、材料工程等相关专业本科生的教学用书，也可作为相关专业人员的参考书。

图书在版编目(CIP)数据

计算机在现代化工中的应用／李立清，邹来禧，肖友军编著．—北京：冶金工业出版社，2018.12

普通高等教育"十三五"规划教材

ISBN 978-7-5024-8012-7

Ⅰ．①计…　Ⅱ．①李…　②邹…　③肖…　Ⅲ．①计算机应用—化学工业—高等学校—教材　Ⅳ．①TQ015.9

中国版本图书馆CIP数据核字(2018)第302417号

出 版 人　谭学余
地　　址　北京市东城区嵩祝院北巷39号　邮编　100009　电话　(010)64027926
网　　址　www.cnmip.com.cn　电子信箱　yjcbs@cnmip.com.cn
责任编辑　杨盈园　美术编辑　彭子赫　版式设计　禹　蕊
责任校对　卿文春　责任印制　李玉山
ISBN 978-7-5024-8012-7
冶金工业出版社出版发行；各地新华书店经销；三河市双峰印刷装订有限公司印刷
2018年12月第1版，2018年12月第1次印刷
787mm×1092mm　1/16；10.5印张；253千字；158页
29.00元

冶金工业出版社　投稿电话　(010)64027932　投稿信箱　tougao@cnmip.com.cn
冶金工业出版社营销中心　电话　(010)64044283　传真　(010)64027893
冶金工业出版社天猫旗舰店　yjgycbs.tmall.com
（本书如有印装质量问题，本社营销中心负责退换）

前　言

化学工程是一门实践性非常强的学科。有复杂的生产工艺，有大型的装置设备，有复杂的控制过程，有复杂的分子结构式和反应式，有复杂的模拟计算，有错综复杂的管路设计等。针对这些特点，用手工的方法很难高效地完成这些工作。

目前工业发展趋势是大型化、连续化、精细化、智能化。为了适应现代企业发展需求，借助计算机来辅助完成化工行业中的某些工作是必然趋势。计算机及其软件的开发研究在国外非常发达，几乎把计算机科学融入到每个学科。现代教育与传统教育有非常大的区别，学生人数和学科门类越来越多，科学和学术研究也越来越深，这些都需要计算机的辅助才能适应现代社会发展的需要，才能跟上时代前进的步伐。

本书内容有助于相关专业学生掌握撰写毕业论文所需要的基本计算机知识，有助于完成实验后的基本数据处理，有助于更快适应化工行业的岗位。本书可作为化学工程、应用化学、冶金工程、矿冶工程、材料工程等相关专业本科学生的教学用书，也可作为相关专业人员的参考书。

编写分工：肖友军编写第6章，邹来禧编写第7章，李立清编写其他章节并负责统稿。感谢江西理工大学化学化工教研室全体老师，感谢安文娟、肖焱尹、赵靖华、王泽仁和赵辉五位同学，他们为本书的顺利完成付出了大量的工作。

本书涉及的软件较多，知识面较广，由于编者水平所限，书中不妥之处，恳请广大读者批评指正。

编　者

2018年11月

目　录

1 Origin 软件在化工中的应用

1.1 Origin 概 述

Origin 是美国 Origin Lab 公司出的数据分析和绘图软件，本书以 8.0 版本为例。其特点：使用简单，采用直观的、图形化的、面向对象的窗口菜单和工具栏操作，全面支持鼠标右键等。

两大类功能：数据分析和 Origin 绘图。

数据分析包括数据的排序、调整、计算、统计、频谱变换、曲线拟合等各种完善的数学分析功能。准备好数据后，进行数据分析时，只需选择所要分析的数据，然后再选择相应的菜单命令即可。

Origin 的绘图是基于模板的，Origin 本身提供了几十种二维和三维绘图模板而且允许用户自己定制模板。绘图时，只要选择所需要的模板就行。用户可以自定义数学函数、图形样式和绘图模板；可以和各种数据库软件、办公软件、图像处理软件等方便的连接；可以用 C、C++ 等高级语言编写数据分析程序，还可以用内置的 Lab Talk 语言编程等。

1.2 Origin 在化工方面的主要应用

此软件属于专用软件之一，对于化工专业的实验数据处理十分有用。其主要有以下功能：

（1）将实验数据自动生成在二维坐标中的图形，有利于对实验趋势的判断。

（2）在同一幅图中可以画上多条实验曲线，有利于对不同的实验数据进行比较研究。

（3）不同的实验曲线可以选择不同的线型，并且可将实验点用不同的符号表示。

（4）可对坐标轴名称进行命名，并可进行字体大小及型号选择。

（5）可将实验数据进行各种不同的回归计算，自动打印出回归方程及各种偏差。

（6）可将生成的图形以多种形式保存，以便在其他文件中应用。

（7）可使用多个坐标轴，并可对坐标轴位置、大小进行自由选择。

1.3 Origin 与 Excel 的区别

Excel 虽然也具有数据可视化功能，但它提供的主要是电子表格功能，并可简单地将数据可视化。Excel 在作图方面不如 Origin 功能强大，比如对数据的行数有一定限制，不能超过 65536 行，对图形分析时也只能添加简单的趋势线，不能进行 Gaussian 或 Lorentzian 等函数拟合。

1.4 Origin 基本操作

点击 Origin 后启动的界面如图 1.1 所示。

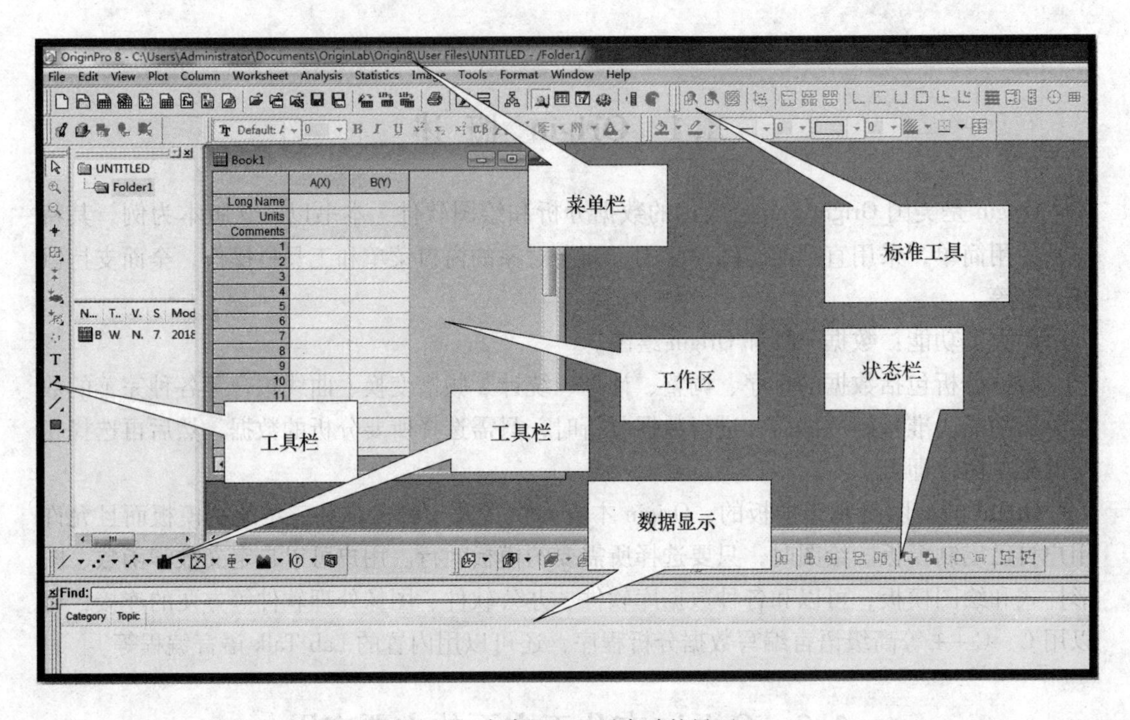

图 1.1 点击 Origin 后启动的界面

(1) 菜单栏 顶部：一般可以实现大部分功能。
(2) 工具栏 菜单栏下面：一般最常用的功能都可以通过此实现。
(3) 绘图区 中部：所有工作表、绘图子窗口等都在此。
(4) 项目管理器 下部：类似资源管理器，可以方便切换各个窗口等。
(5) 状态栏 底部：标出当前的工作内容以及鼠标指到某些菜单按钮时的说明。

1.4.1 菜单栏

菜单栏的结构取决于当前的活动窗口：

工作表菜单

OriginPro 8 - C:\Users\Administrator\Documents\OriginLab\Origin8\User Files\UNTITLED * - /Folder1/

File Edit View Plot Column Worksheet Analysis Statistics Image Tools Format Window Help

绘图菜单

OriginPro 8 - C:\Users\Administrator\Documents\OriginLab\Origin8\User Files\UNT

File Edit View Graph Data Analysis Tools Format Window Help

矩阵窗口

OriginPro 8 - C:\Users\Administrator\Documents\OriginLab\Origin8\User Files\UNTITLED *

File Edit View Plot Matrix Image Analysis Tools Format Window Help

菜单简要说明：

File 文件功能操作打开文件、输入和输出数据图形，保存和打印等。

Edit 编辑功能操作包括数据和图像的编辑等，比如复制、粘贴、清除等，特别注意 undo 功能。

View 视图功能操作控制屏幕显示，“go to row”到第几行。

Plot 绘图功能操作主要提供5类功能：

（1）几种样式的二维绘图功能：包括直线、描点、直线加符号、特殊线（符号）、条形图、柱形图、特殊条形图（柱形图）和饼图。

（2）三维绘图。

（3）气泡（彩色）映射图、统计图和图形版面布局。

（4）特种绘图：包括面积图、极坐标图和向量。

（5）模板：把选中的工作表数据导入绘图模板。

Column 列功能操作，比如设置列的属性，增加删除列等。

Graph 图形功能操作，主要功能包括增加误差栏、函数图、缩放坐标轴、交换 X、Y 轴等。

Data 数据功能操作。

Analysis 分析功能操作：

（1）对工作表窗口：提取工作表数据；行列统计；排序；数字信号处理（快速傅里叶变换 FFT、相关 Corelate、卷积 Convolute、解卷 Deconvolute）；统计功能（T－检验）、方差分析（ANOAV）、多元回归（Multiple Regression）；非线性曲线拟合等。

（2）对绘图窗口：数学运算；平滑滤波；图形变换；FFT；线性多项式、非线性曲线等各种拟合方法。

Plot3D 三维绘图功能操作，根据矩阵绘制各种三维条状图、表面图、等高线等。

Matrix 矩阵功能操作，对矩阵的操作，包括矩阵属性、维数和数值设置，矩阵转置和取反，矩阵扩展和收缩，矩阵平滑和积分等。

Tools 工具功能操作：

（1）对工作表窗口：选项控制；工作表脚本；线性、多项式和S曲线拟合。

（2）对绘图窗口：选项控制；层控制；提取峰值；基线和平滑；线性、多项式和S曲线拟合。

Format 格式功能操作：

（1）对工作表窗口：菜单格式控制、工作表显示控制，栅格捕捉、调色板等。

（2）对绘图窗口：菜单格式控制；图形页面、图层和线条样式控制，栅格捕捉，坐标轴样式控制和调色板等。

Window 窗口功能操作，控制窗口显示。

Help 帮助。

1.4.2 数据输入

双击 Origin 快捷方式进入 Origin 界面，默认状态的数据区域为2列30行，如果数据超过这个范围可以增加行和列。数据输入方法跟 Excel 相仿。

增加行的方法：将单元格移到最末一行中的任何一个单元格，然后按“回车”就可以增加10行，以此类推，可以增加到你所需要的行数为止。

增加列的方法：点击“Column”菜单中，选择“Add New Columns”选项，将出现一个对话框，在对话框中输入你要增加的列数即可，如图1.2所示。

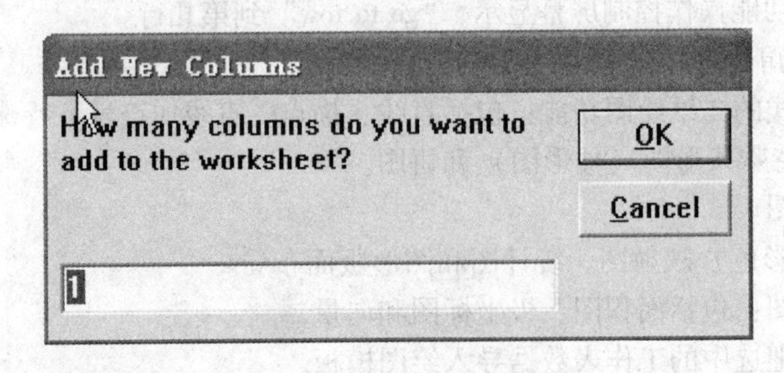

图1.2　增加列对话框

注意小技巧：选中某个区域，点击“Column”菜单中，选择“Fill Column with”选项，再在其下级菜单中选中“Raw Numbers”，则在选中区域将会出现1、2、3、…系列号。

另外，除了直接输入数据外也可以将在其他程序计算和测量中获取的数据直接引用过来。点击“File”菜单中选择“Import”，再在弹出的菜单中选择一种你所储存的数据形式。然后点击你储存的文件名，这样就可以将你的数据直接导入到Origin数据表中。

1.4.3　图形生成

在输入完数据后，就可以开始绘制实验数据曲线图，实验曲线图有单线图和多线图。

1.4.3.1　单线图绘制

A　方法一

步骤：

(1) 点击“Plot”菜单，在其下拉菜单中选择曲线类型，一般选择“Line + Symbol”，它是将实验数据用直线分别连接起来，在每一格数据点上有一个特殊的记号。

(2) 在弹出的对话框中选择 X、Y 轴的数据列。

B　方法二

步骤：选中所要生成的数据列，然后点击常用工具栏下面的绘制曲线工具，如[工具栏图标]，就可以生成曲线图。

1.4.3.2　多线图绘制

在化工实验中常常是多条实验曲线画在一起，有利于说明和比较实验结果的最佳条件，这时数据列一般都大于2，下面介绍这种曲线图的画法。

A　方法一

步骤：

(1) 按上面画单线图的方法画好一条曲线，然后在此基础上点击绘图菜单“Graph”，在其下拉菜单中选择“Add Plot to Layer”，再在展开的菜单中选择你要的曲线类型，如“Line + Symbol”，系统将弹出如图 1.3 所示对话框。

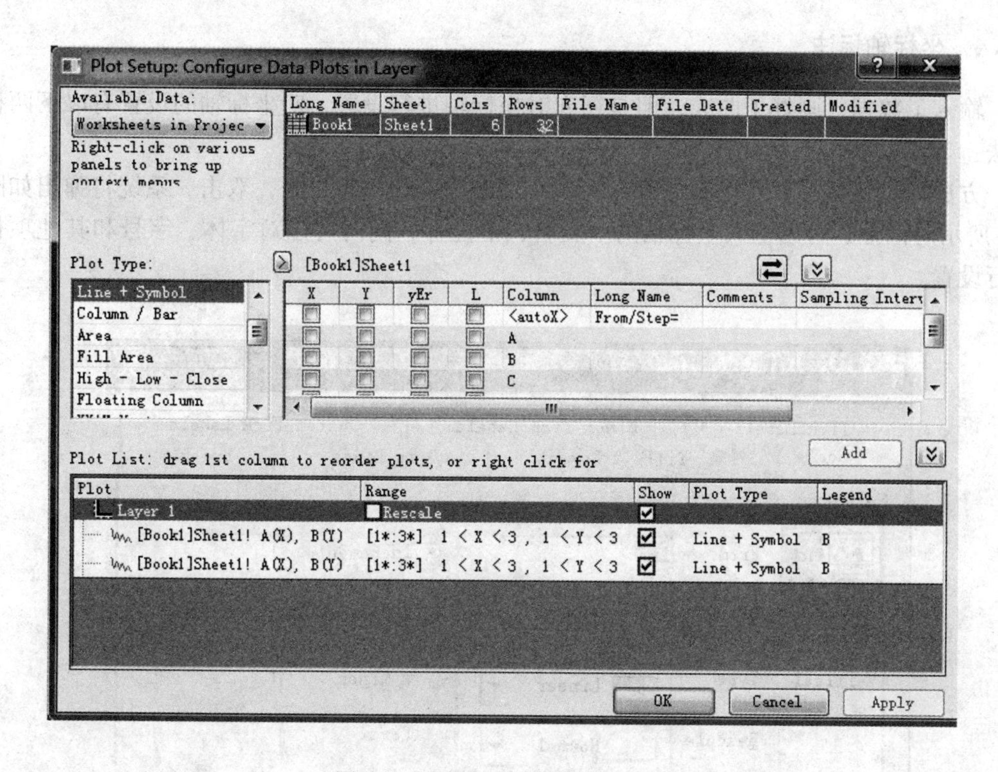

图 1.3　选择图中的坐标轴对话框

（2）在对话框中选择所要的 X、Y 轴数据列，单击“OK”，即可在原来的基础上增加一条曲线。

（3）重复以上操作可以绘制多条实验曲线图于一张图表内。

注意事项：

这样操作系统将不会出现“数据标识”，此时要将“数据标识”标在图中可以按“ ”，这样系统就会出现数据标识。

如果系列标识要将其 A、B、C……更改为其他的中文字体，可以双击该系列标识图表，可以“\L(1)”(在 6.0 版本中）后面的符号删除、在 8.0 版本中符号“%(1)”直接删除，然后写上自己想要的中文字体，然后确定。

B　方法二

（对于多条曲线中 X 轴相同的情况）

步骤：

（1）选中要制作多线图的所有数据列。

（2）点击多线图线条类型中一种，如选择 ，则直接生成多线图。方法一和方法二的区别：方法一绘画的曲线图形是一条一条单独的曲线，在下面进行“线条及实验点图标的修改”时可以对每条曲线进行单独的修改。而方法二产生的曲线是一个整体，在进行“线条及实验点图标的修改”时所有的曲线是一个整体，不能单独地进行修改，如果要对每条曲线进行单独修改，则必须在 Group 选项中选择“independent”。

1.4.4　坐标轴标注

输入了数据，画好了曲线，但是还未对坐标轴进行设置，对坐标轴的设置有以下两种方法：

方法一：将鼠标移到标有“X axis title”和“Y axis title”处，双击，系统将弹出如图 1.4 所示对话框，可以输入坐标轴的中文名、单位等，同时可以对字体、字号和其他项目进行设置。

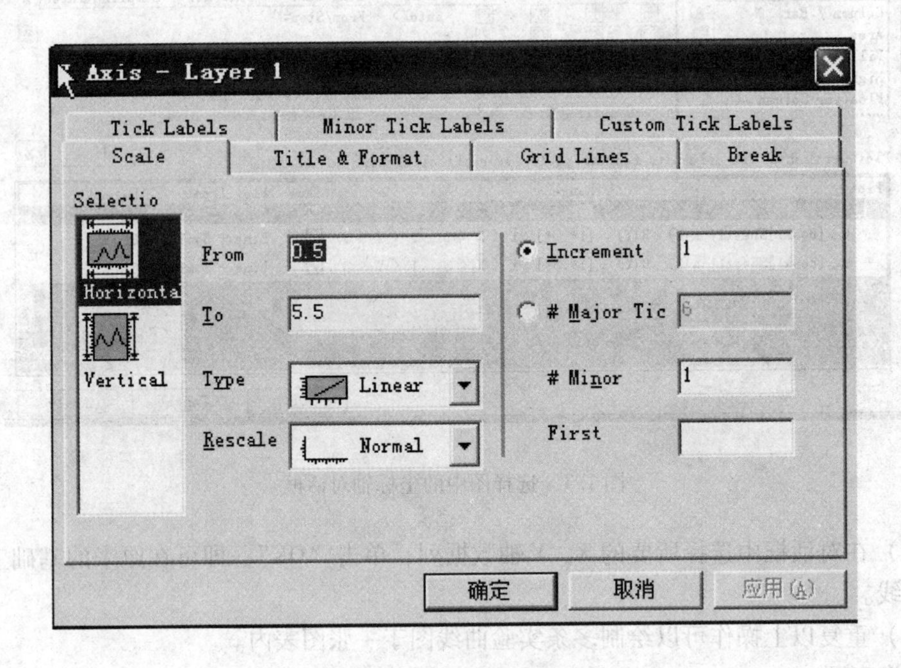

图 1.4　坐标轴设置对话框

在字体选择上建议使用“宋体”，这样可以保证在 Word 文档中可以显示坐标轴的名称，因为有些 Origin 里面的字体在 Word 里面是不识别的。

方法二：点击“Format”菜单，在其下拉菜单中选择“X axis”、“Y axis”，系统将弹出对话框；在对话框中选择“Title & Format”，在 Title 栏中输入坐标轴名称，还可以对坐标的起始位置、坐标间隔、坐标轴位置及间隔小标签的方向等进行设置。

1.4.5　图表标题输入

对图表添加标题，方法如下：

先使鼠标移到需要添加标题的图表区，通过选择图表工具栏中的文字添加按钮“T”，可以输入中英文题标。

注意利用 Symbol Map 可以方便地添加特殊字符。做法：在文本编辑状态下，点右键，然后选择：Symbol Map。

1.4.6 线条及实验点图标的修改

在化学或化工实验多线图中，每一条曲线表示不同的含义。为了区分不同的曲线，常常需要用不同实验点的图标表示。这样就要对不同的曲线用不同的图标进行区分。

方法：直接用鼠标双击需要修改的曲线，系统弹出如图 1.5 所示的对话框，点击 “Line” 可以修改线条、宽度、颜色、风格及连接方式；点击 “Symbol” 可以修改实验点的图标形状和大小；点击 “Group” 可以进行线条的组态设置，系统自动设定每一条线条不同的颜色及不同的实验点图标。

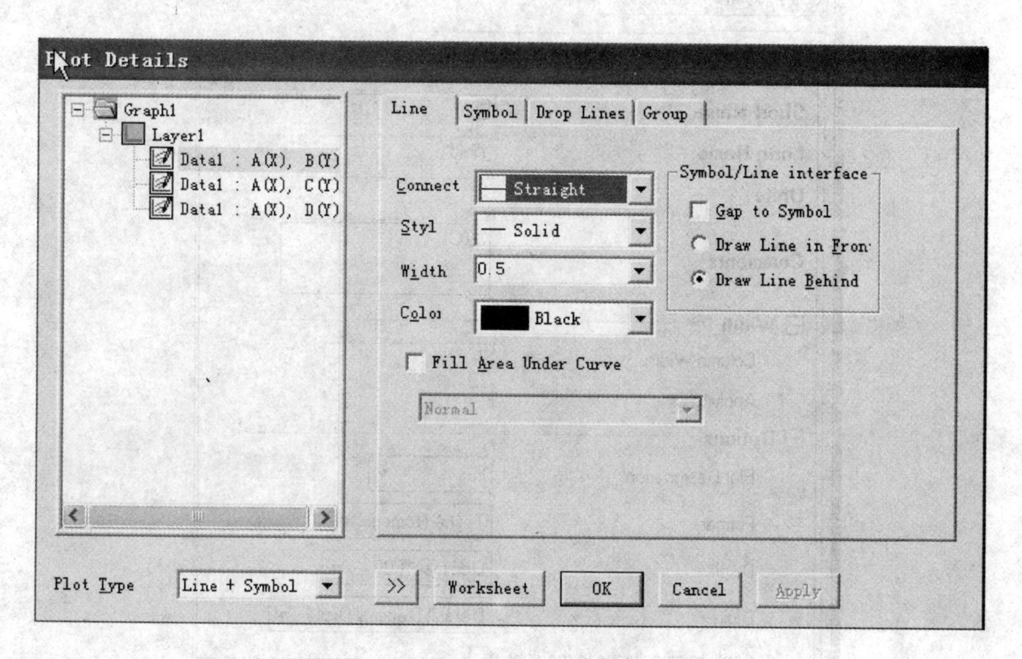

图 1.5　线条及实验点图表设置对话框

1.4.7 其他功能

如果要将 Origin 中的图复制到 Word 文档中去，只要激活该图，按下 “Ctrl + C”，在 Word 文档中再按下 “Ctrl + V” 即可。也可以点击 “EDIT”，在其下拉菜单中点击 “Copy Page”，在 Word 文档中点击 “粘贴” 即可。Origin 还有许多其他功能，请读者自行在实际应用中练习掌握。

注意：图片或表格中的数据一定要设置为 “宋体”。

1.4.8 数据拟合

完成前述任务后，一幅实验曲线图基本完成，但如果需要对实验数据进行一些回归计算，则可以通过以下方法进行。

（1）点击 “Data”，选中要回归的某一条曲线。

（2）点击 “Tools”，选择回归的方法。

（3）在弹出的对话框中，进一步确定回归的标准，点击 “Fit”，系统就会对所选择的曲线按指定的方法进行回归。

1.4.9 设置列属性

双击 A 列或其他列，或点右键，选择 Properties，这里可以设置一些列的属性。如图 1.6 所示。

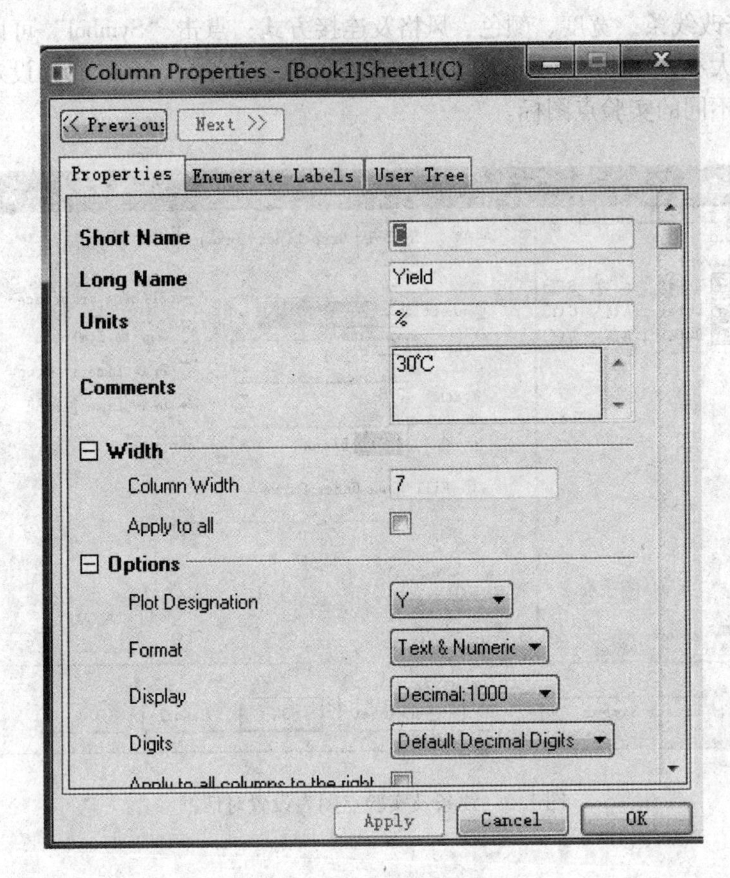

图 1.6 设置列属性对话框

1.4.10 数据列排序

Origin 可以做到单列、多列甚至整个工作表数据排序，选中“列”或“数据表”后按右键，选择命令为“sort…”，如图 1.7 所示。

1.4.11 数据统计

选中要统计的列，按右键，选择 Statistics on Column。可以对数据的最大值、最小值、总和等统计，统计操作如图 1.8 所示。

1.4.12 数据规格化

选择某一列，右键→Normalize，规格化数据操作如图 1.9 所示。

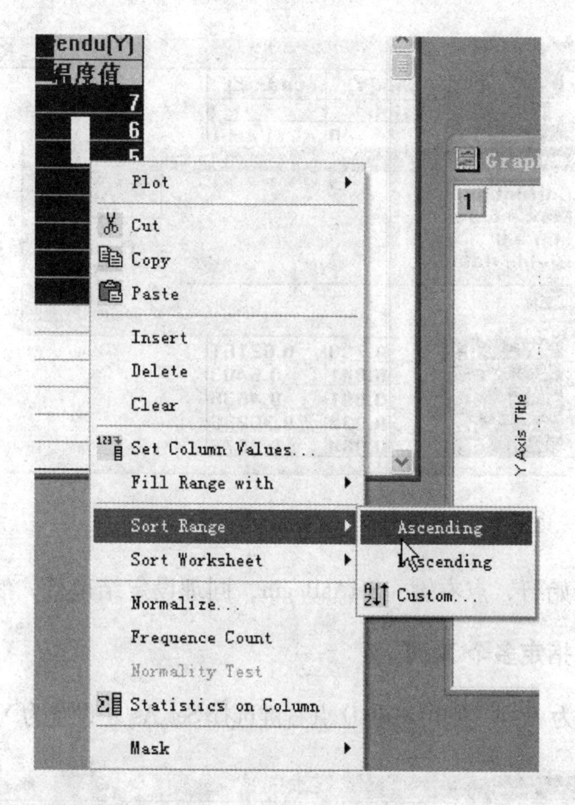

图 1.7 排序对话框

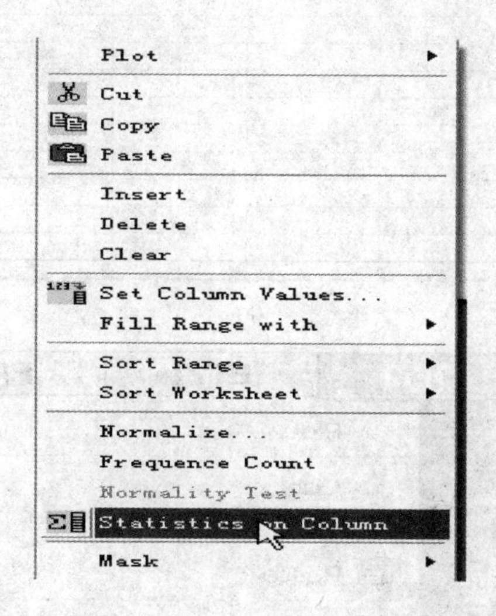

图 1.8 统计操作

1.4.13 数据范围选择

如果想跳到某一行可以用 View→Go To Raw（这里如果发现你设定的行之前的数据都没了，这仅仅是没显示出来而不是删除了。想要看到的话，拉动滚动条即可看到其他行数据）。

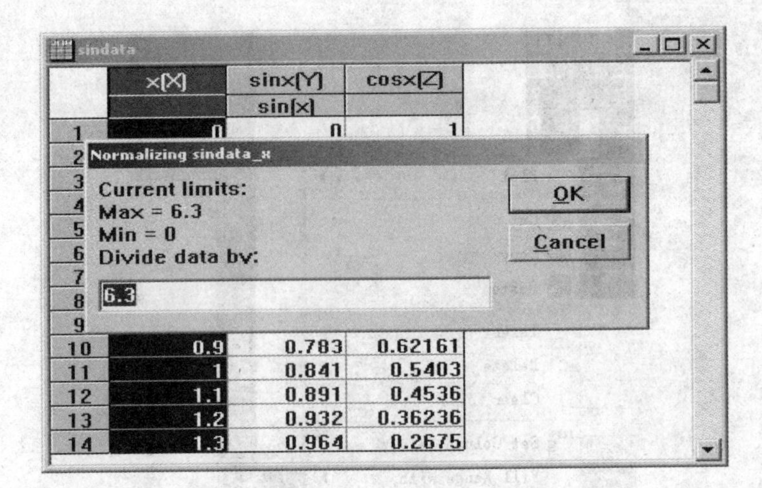

图 1.9 规格化数据操作

找到你想要的开始行，点右键→SetAsBegin，同理设定结束行，然后作图。

1.4.14 在工作表中指定多个 X 列

例如将 D 列设置为 X 列，则可对准 D 点右键选择 Set As X 设置为 X 列得到，见图 1.10。

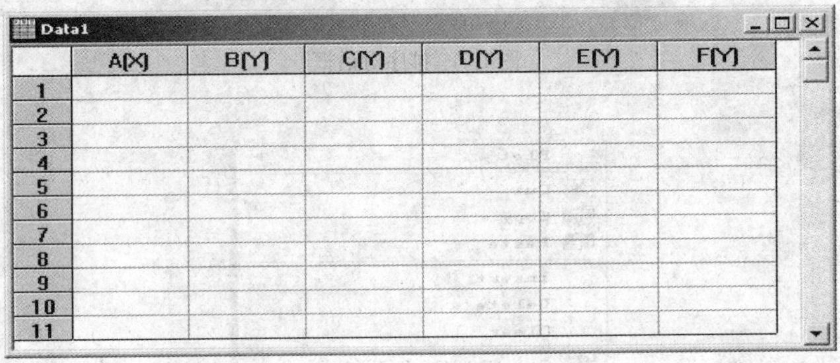

(a)

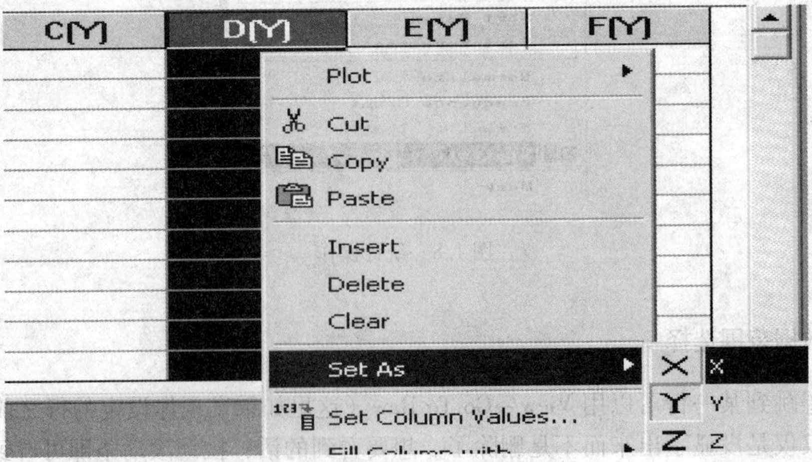

(b)

Data1

	A(X1)	B(Y1)	C(Y1)	D(X2)	E(Y2)	F(Y2)
1						
2						
3						
4						
5						
6						
7						
8						
9						
10						
11						

(c)

图 1.10 设置多个 X 列操作

1.4.15 设置列的值

在处理红外光谱图和紫外光谱图时，经常会遇到两条曲线几乎重合的现象，为了使图形更直观，可以通过设置列的值不同而使重合的曲线分开。

步骤：鼠标移至需要改变值的列处（假如是 D 列值需要改变），按右键则出现图 1.11 对话框，在空白区域输入“ = Col(C) +50”（即 D 列的值等于 C 列值 +50），然后按 OK，D 列数据将会发生改变。

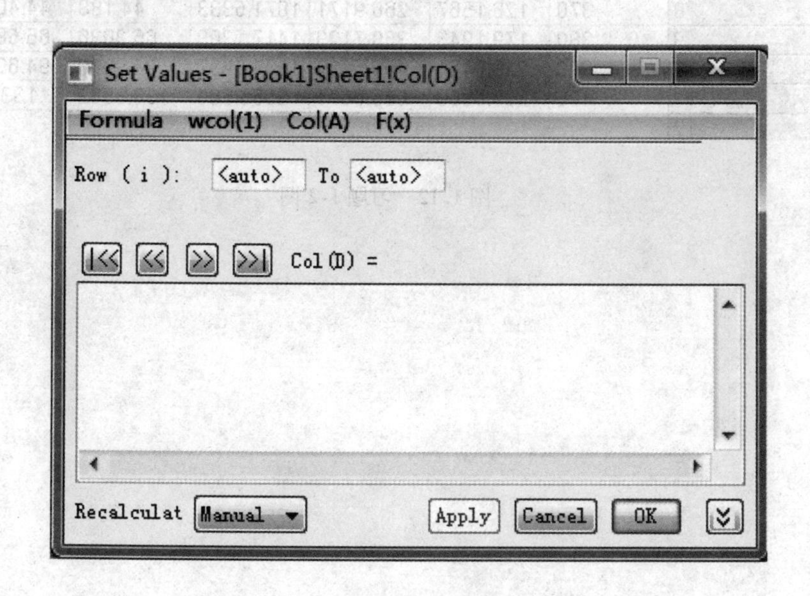

图 1.11 设置列值的对话框

习　题

1-1　绘制吸附图，现有某活性炭吸附甲醇的实验数据，请将其制成实验数据图。实验数据，见表 1. 1。

表 1. 1　习题 1-1 表

温度/℃	吸附量/g · g^{-1}					
	20mmHg	40mmHg	80mmHg	120mmHg	140mmHg	160mmHg
20	0. 23	0. 28	0. 33	0. 36	0. 38	0. 39
40	0. 15	0. 21	0. 25	0. 28	0. 31	0. 32
70	0. 05	0. 09	0. 14	0. 17	0. 19	0. 20

1-2　绘制蒸汽压图，启动 ORIGIN8. 0，并导入 VB 程序所生成的 pre. dat 文件里面的数据，如图 1. 12 所示，将图中数据制成图形。

	A(X)	B(Y)	C(Y)	D(Y)	E(Y)	F(Y)
Long Name	温度	压力				
Units	K	P/mmHg				
Comments		溴苯	氯苯	氟苯	碘苯A	碘苯H
1	300	4.6406	13.2647	83.3856	1.1245	1.20828
2	310	8.3603	22.5353	130.1367	2.1595	2.27097
3	320	14.3749	36.7804	196.7969	3.9408	4.08013
4	330	23.7158	57.9247	289.3021	6.873	7.03752
5	340	37.7137	88.3568	414.5894	11.5127	11.69742
6	350	58.0347	130.9658	580.605	18.6003	18.79921
7	360	86.7097	189.1674	796.2884	29.0916	29.29956
8	370	126.1567	266.9171	1071.5333	44.188	44.40247
9	380	179.1943	368.7123	1417.1308	65.3636	65.58577
10	390	249.0461	499.5822	1844.6937	94.3898	94.62275
11	400	339.3368	665.0671	2366.568	133.3532	133.598
12						

图 1. 12　习题 1-2 图

2 Chemoffice 软件在化工中的应用

2.1 Chemoffice 简 述

Chemoffice 的意思就是化学办公室，专门为化学类科目绘图作图的软件，属于专业软件。学习这个软件的目的是为了能画出化学方面的分子结构式、结构反应式和一些简单的实验装置图。该软件功能强大，还可进行很多其他的分子参数估算等。

安装好了 Chemoffice2004 软件之后，点击“程序”，点击 Chemoffice，即可出现其子菜单，如图 2.1 所示。

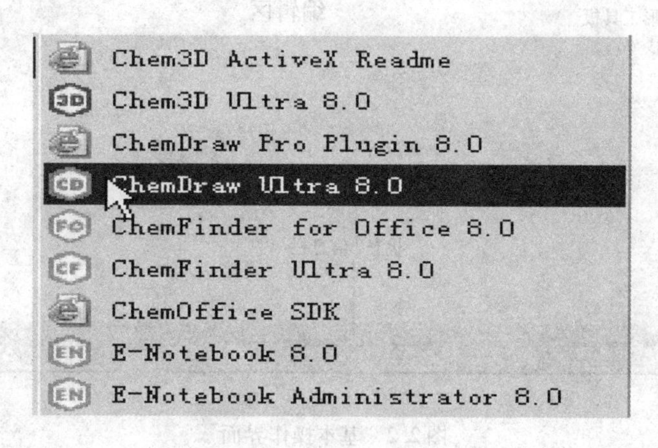

图 2.1 程序界面

其主要内容包括 Chem Draw Ultra8.0（化学结构式绘图）、Chem3D Ultra8.0（分子模型及仿真）、ChemFinder Pro8.0（化学信息搜寻整合系统）、E-Notebook Ultra8.0（整理化学信息、文件和数据，并从中取得所要的结果），这里主要介绍 Chem Draw 和 Chem 3D。

2.2 ChemDraw 基本知识

ChemDraw 是美国 CambridgeSoft 公司开发的 ChemOffice 系列软件中最重要的一员，是 ChemBioOffice 核心工具之一，是一款专业的化学结构绘制工具，它对专业学科工作者及相关科技人员的交流活动和研究开发工作有很大的帮助。它给出了直观的图形界面，开创了大量的变化功能，只要稍加实践，便会很容易地绘制出高质量的化学结构图形。ChemDraw 软件是目前国内外最流行、最受欢迎的化学绘图软件。由于它内嵌了许多国际权威期刊的文件格式，近几年来成为了化学界出版物、稿件、报告、CAI 软件等领域绘制结构图的标准。

2.2.1 基本操作

基本操作界面如图 2.2 所示。

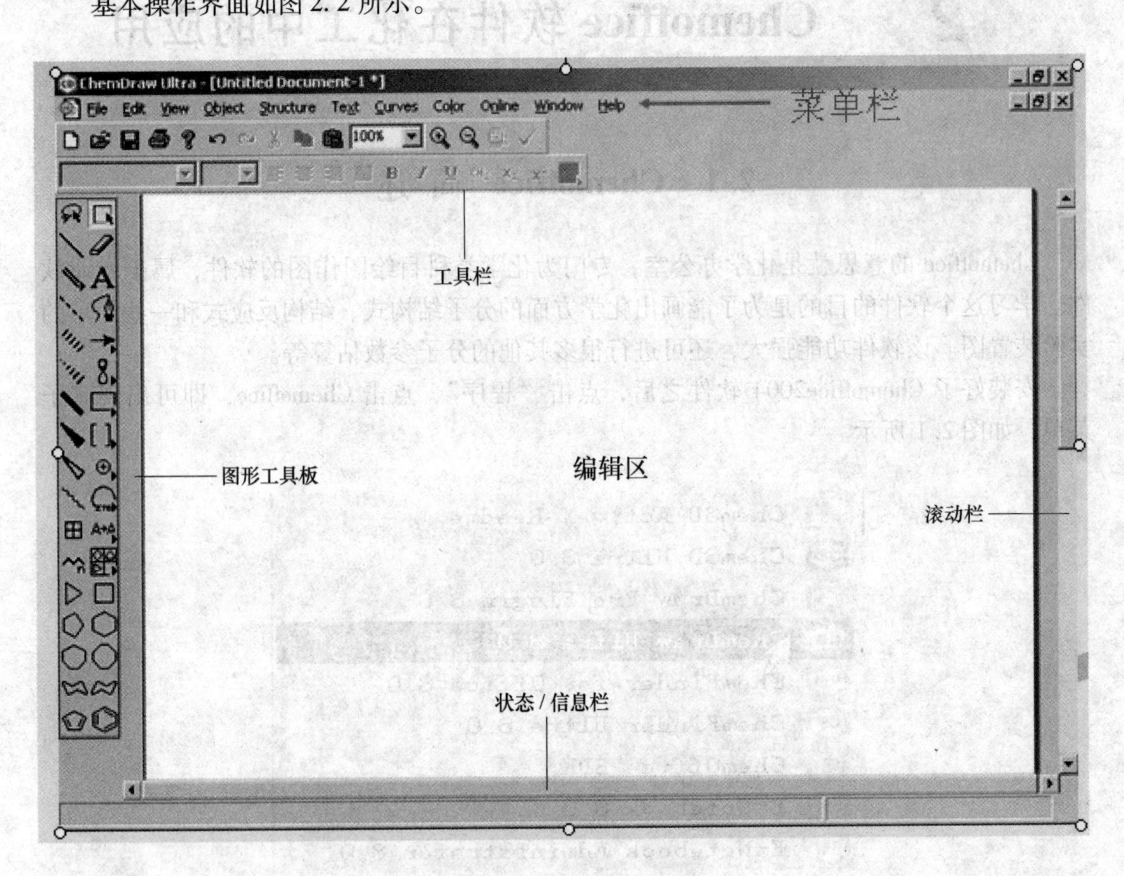

图 2.2 基本操作界面

常用术语介绍如下。

点位：移动鼠标直到鼠标的光标放到所要进行操作的位置，如果选择的位置在图形结构中的键、原子、线等的上面，一般出现黑方块，称之为光标块，选择块或操作块，如图 2.3 所示。

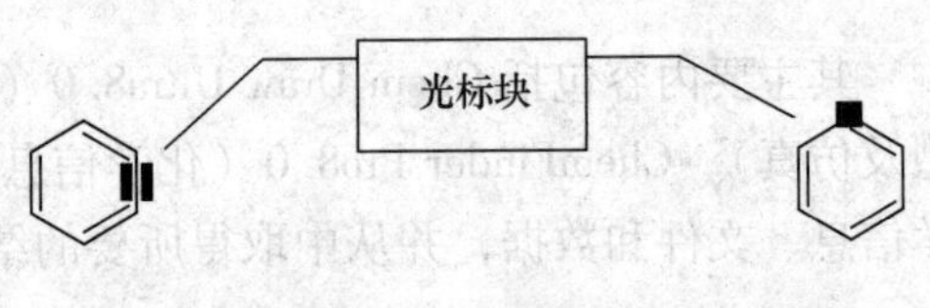

图 2.3 选择光标

选择：用鼠标的光标选中某种选择，使对象产生光标。选择对象并不意味着动作，只是标记要操作的对象和点位；

单击：快速按下鼠标键（左或右键），然后快速抬起；

双击：快速操作两次单击；

拖动：由三部分动作组成——按下鼠标左键选择对象，移动鼠标，将被选的对象移动到指定位置后抬起鼠标；

“键 + 单击”：按下特殊的键和单击鼠标键同时进行。如，“Shift + 单击”意思是按下“Shift”键和单击鼠标键；

"键+拖动"：按下特殊的键和鼠标键，移动鼠标。如，"Shift+拖动"意思是按下"Shift"键和拖动鼠标光标。

各种界面如图 2.4～图 2.20 所示。

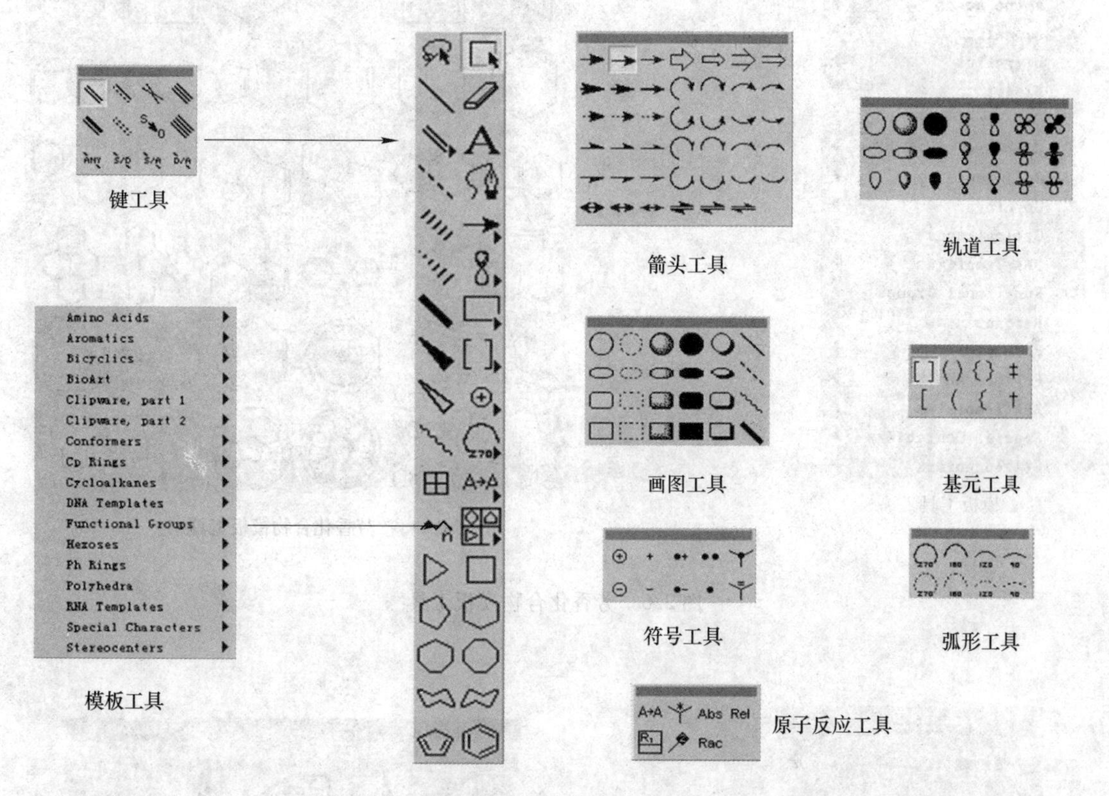

图 2.4 键和模板工具

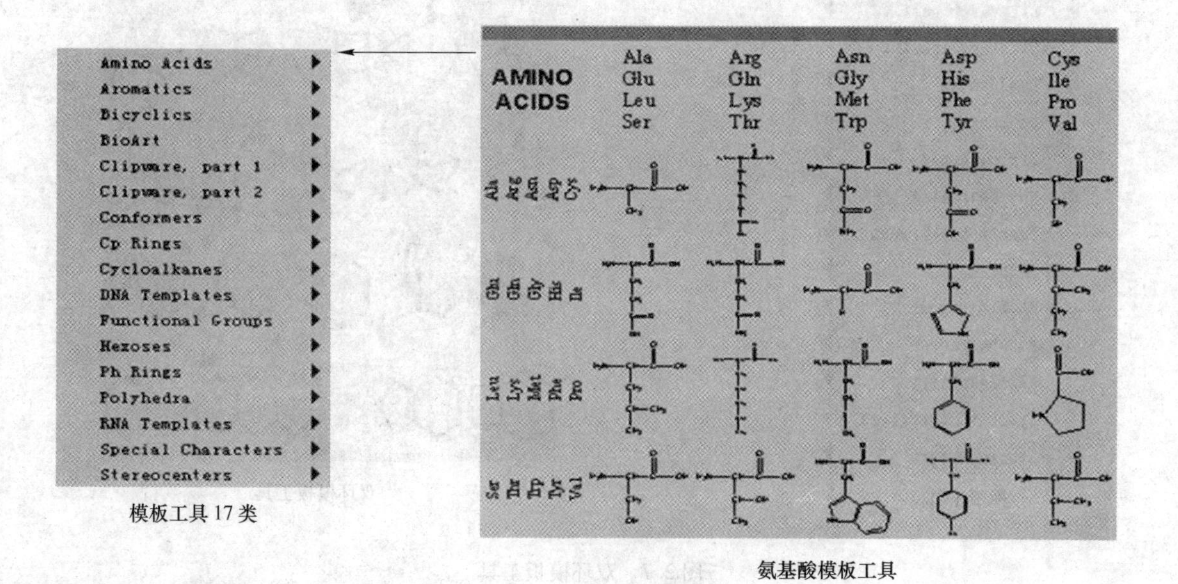

图 2.5 氨基酸模板工具

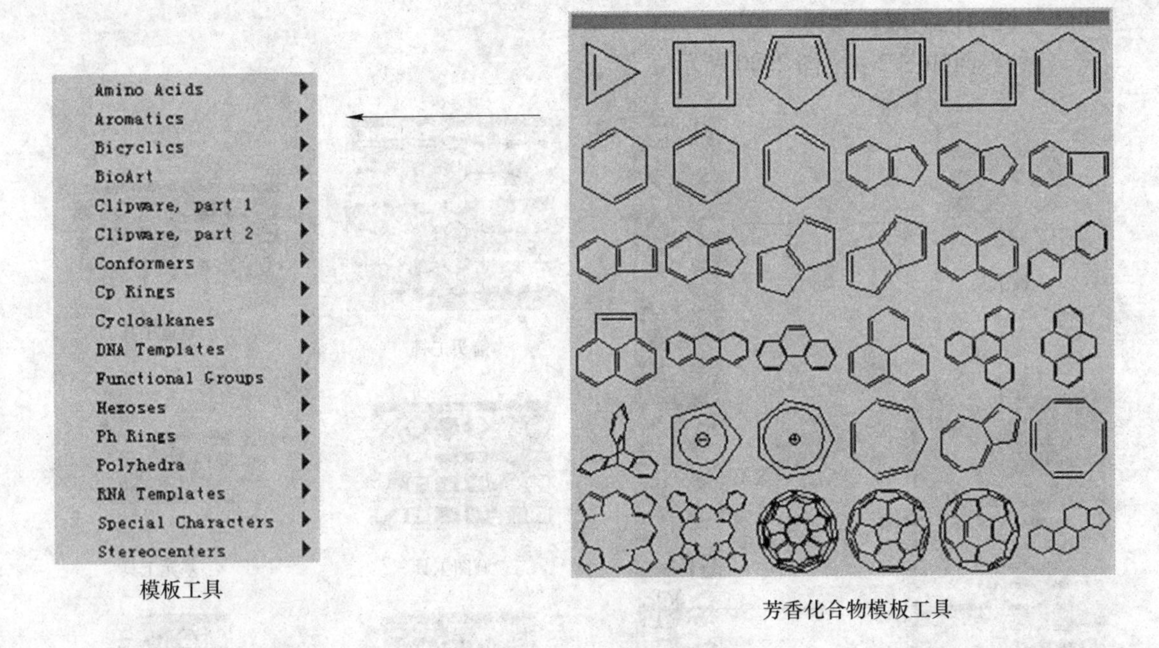

图 2.6 芳香化合物模板工具

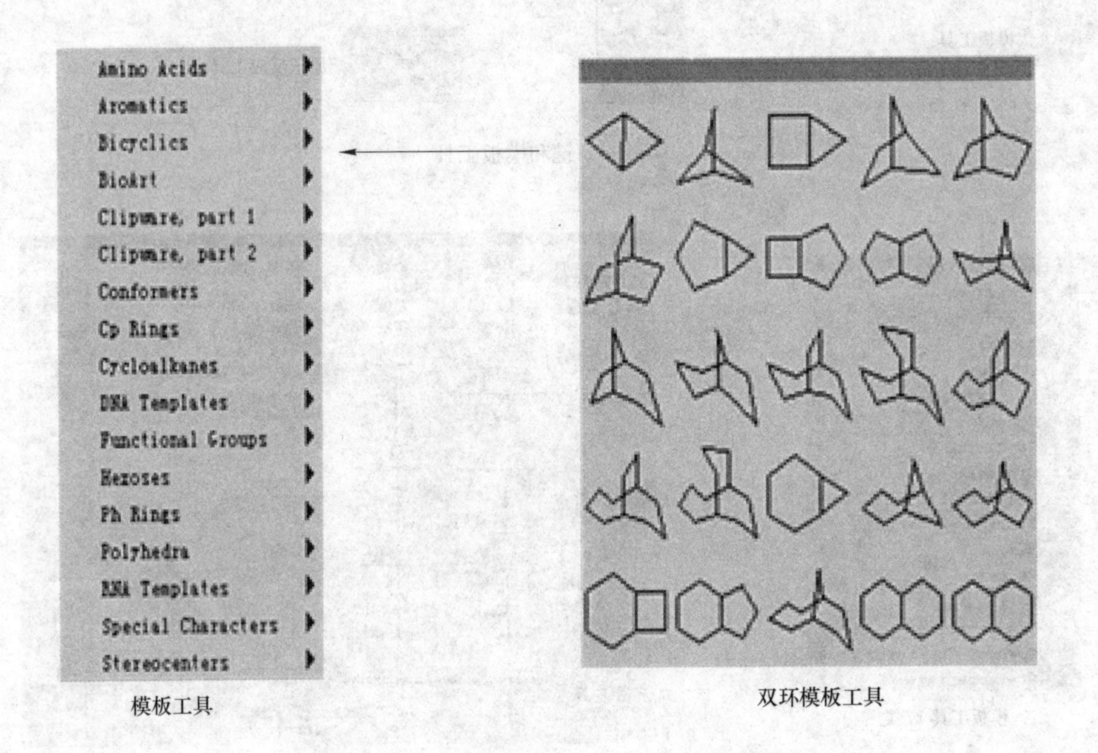

图 2.7 双环模板工具

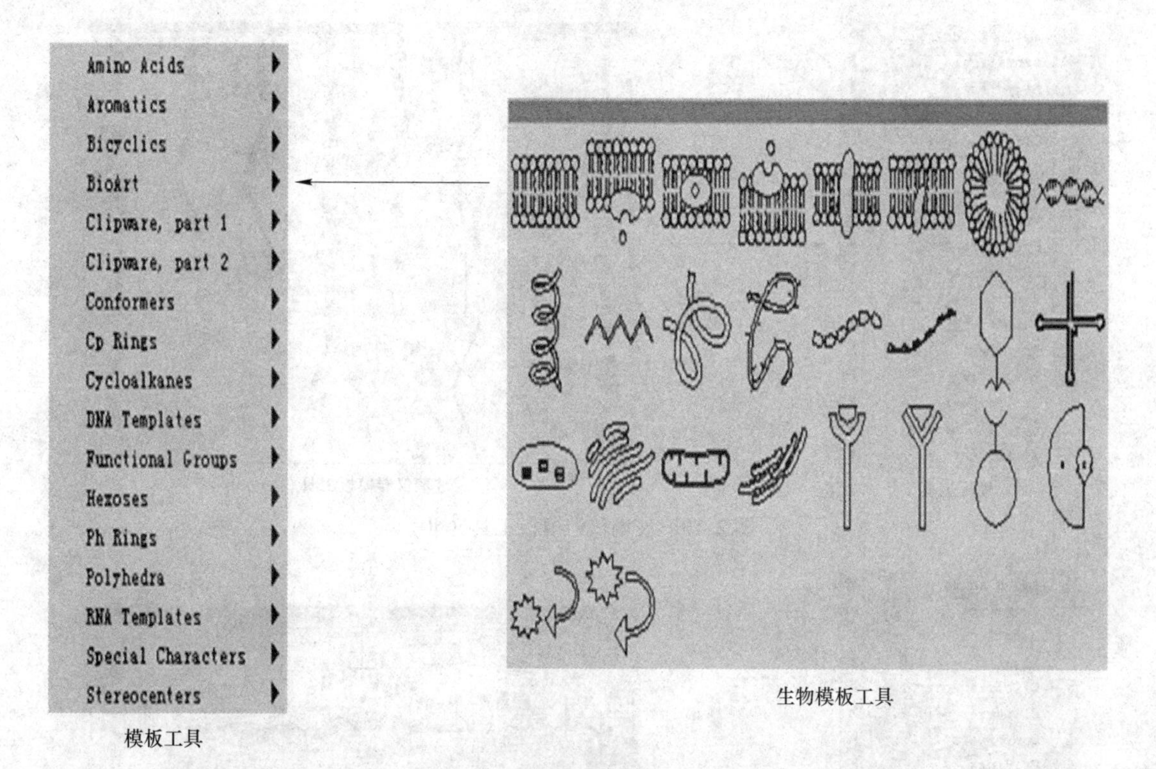

图 2.8 生物模板工具

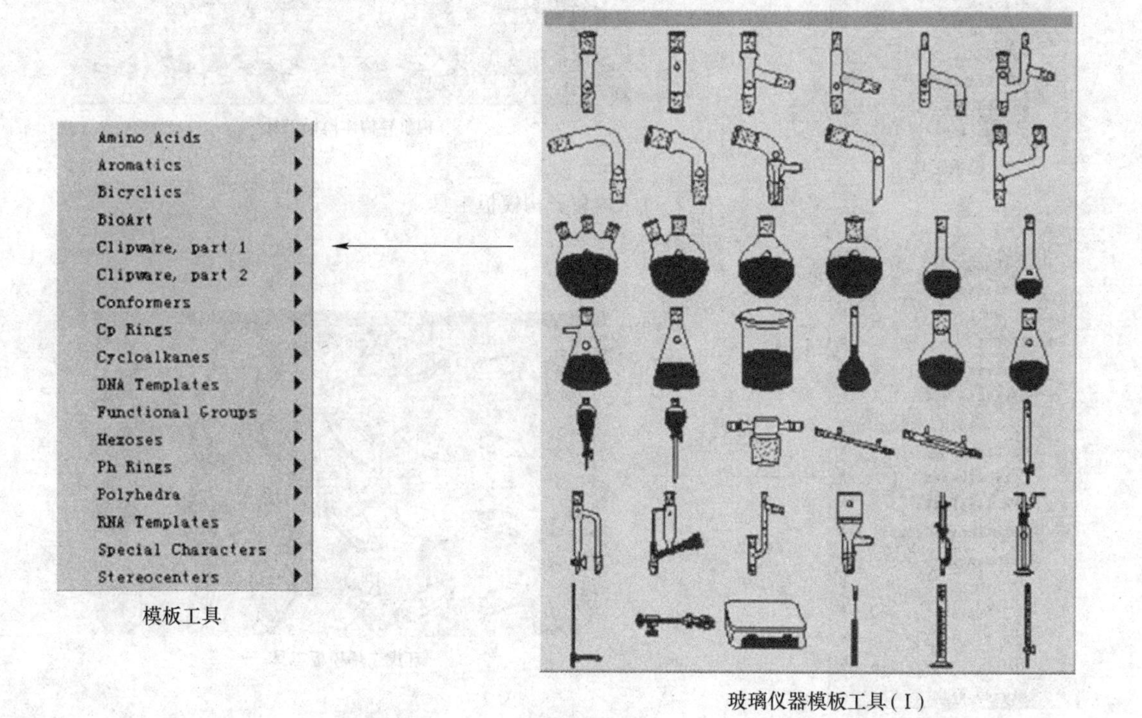

图 2.9 玻璃仪器模板工具（Ⅰ）

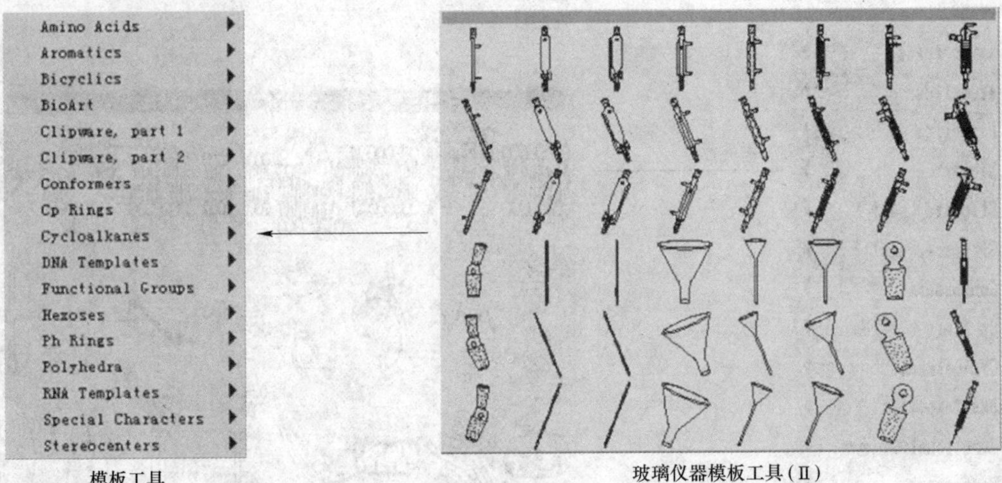

图 2.10　玻璃仪器模板工具（Ⅱ）

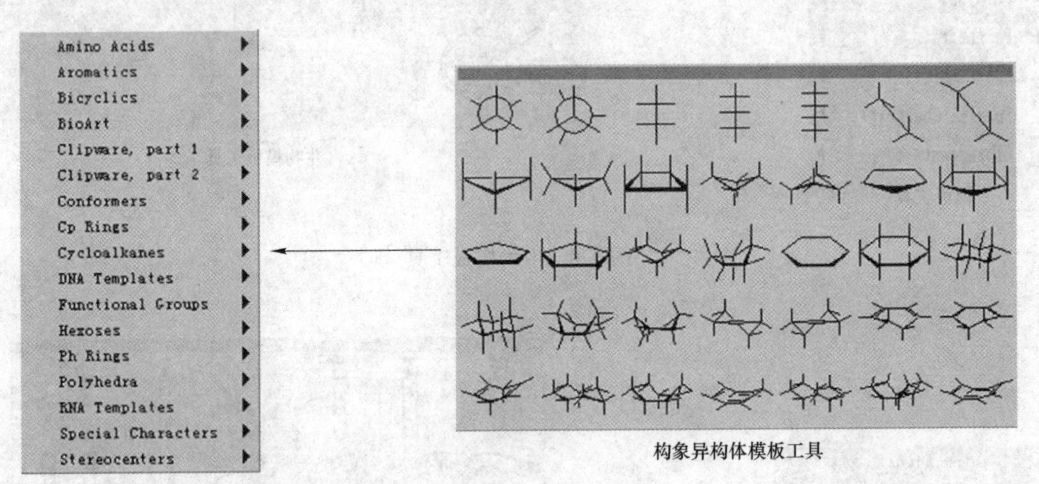

图 2.11　构象异构模板工具

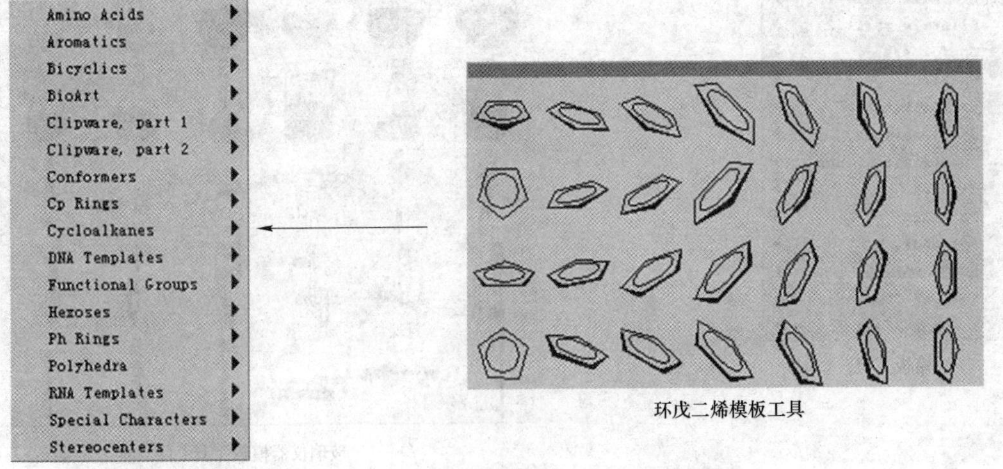

图 2.12　环戊二烯模板工具

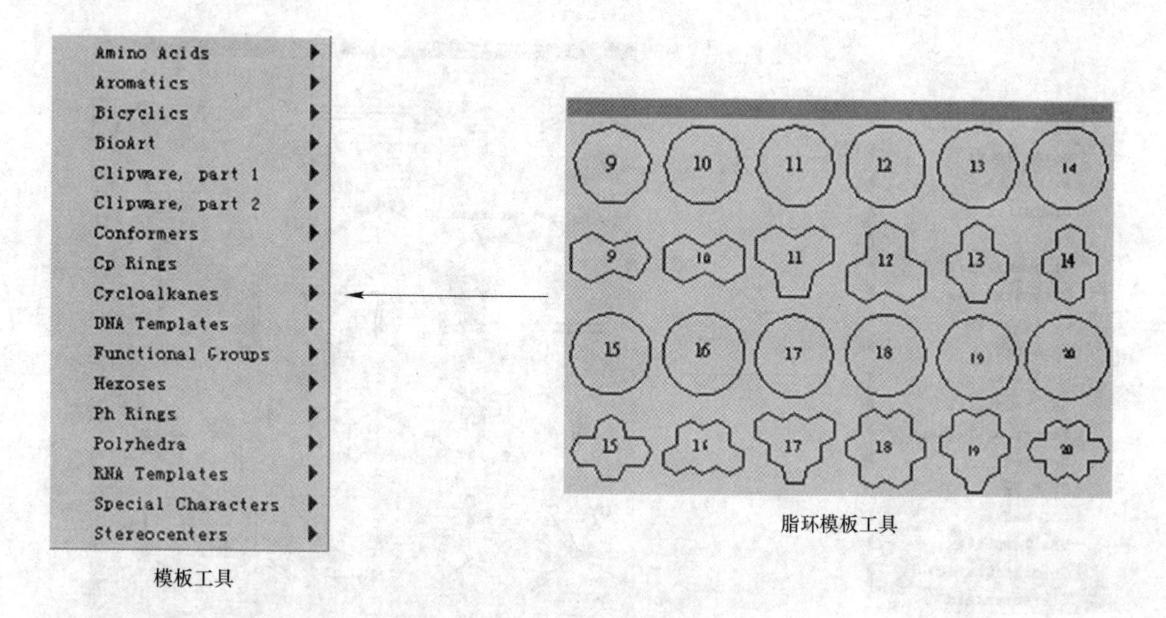

图 2.13 脂环模板工具

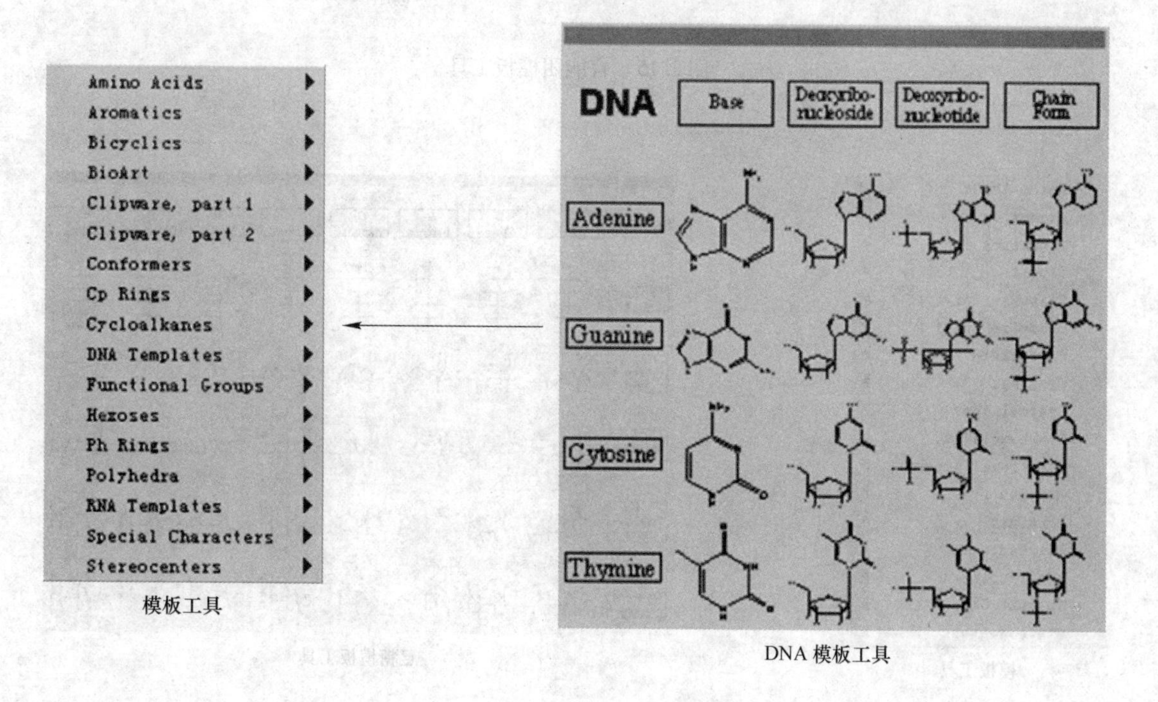

图 2.14 DNA 模板工具

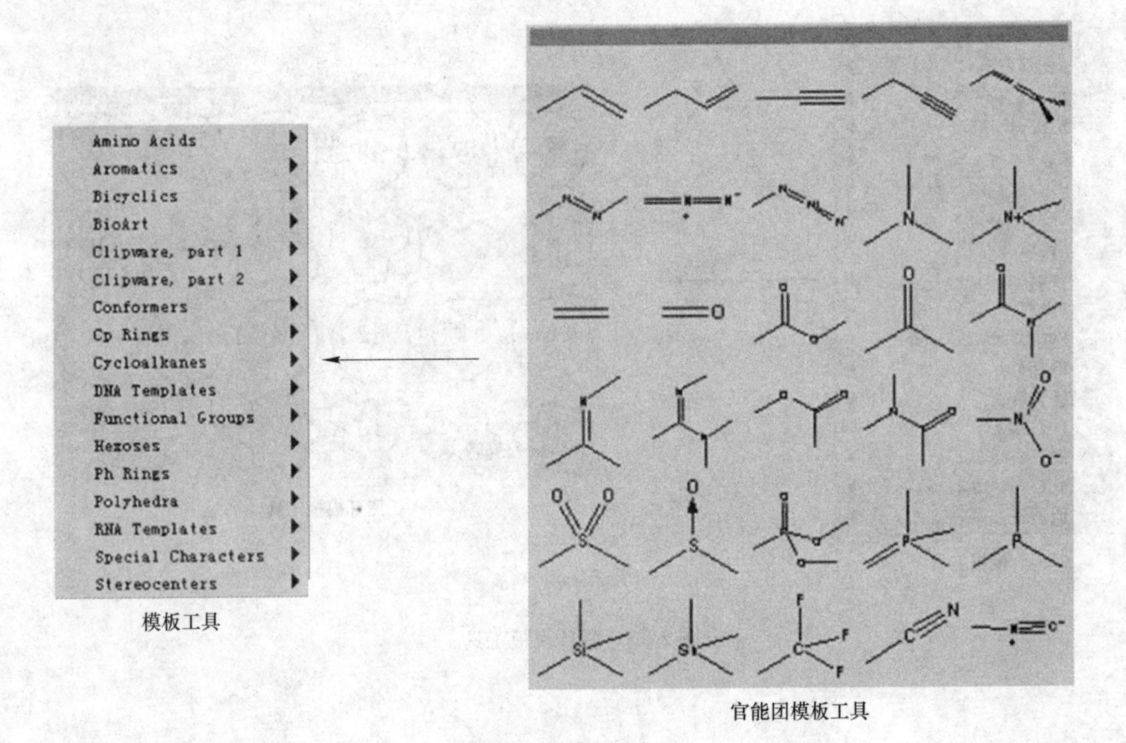

模板工具

官能团模板工具

图 2.15 官能团模板工具

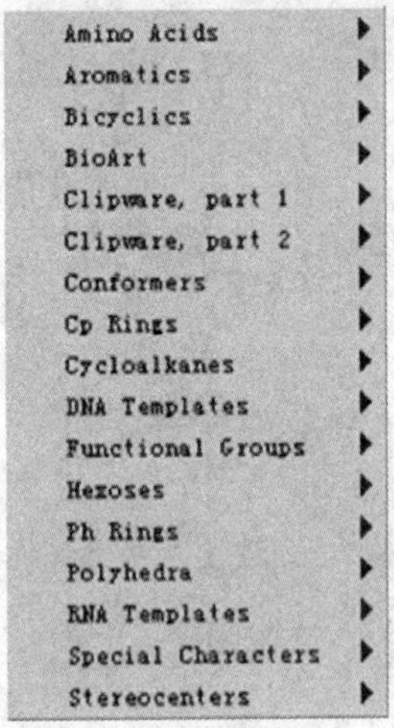

Amino Acids
Aromatics
Bicyclics
BioArt
Clipware, part 1
Clipware, part 2
Conformers
Cp Rings
Cycloalkanes
DNA Templates
Functional Groups
Hexoses
Ph Rings
Polyhedra
RNA Templates
Special Characters
Stereocenters

模板工具

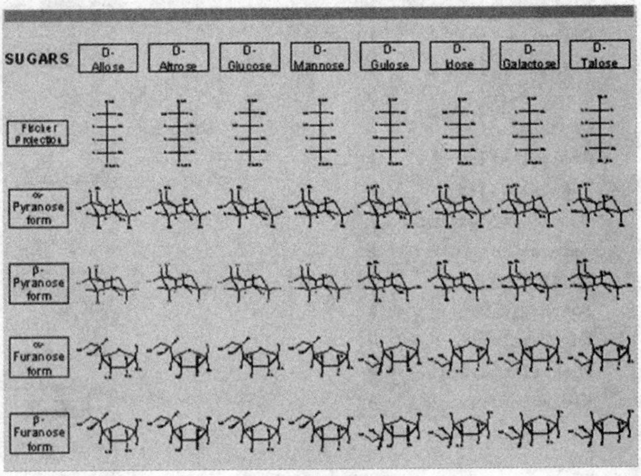

SUGARS D-Allose D-Altrose D-Glucose D-Mannose D-Gulose D-Idose D-Galactose D-Talose

Fischer Projection

α-Pyranose form

β-Pyranose form

α-Furanose form

β-Furanose form

己糖模板工具

图 2.16 己糖模板工具

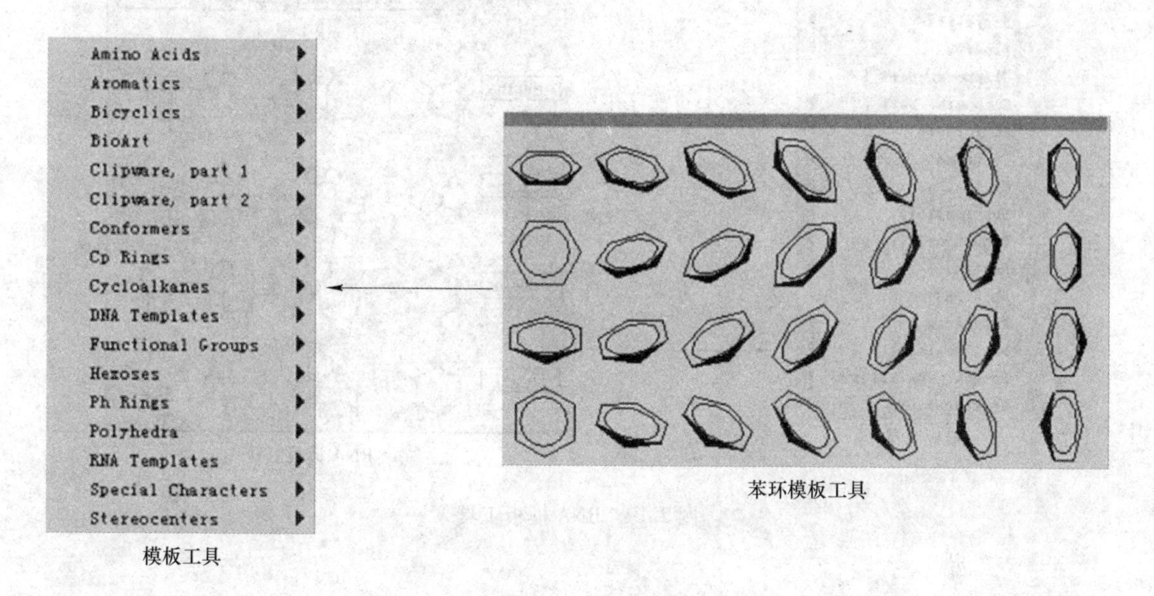

图 2.17　苯环模板工具

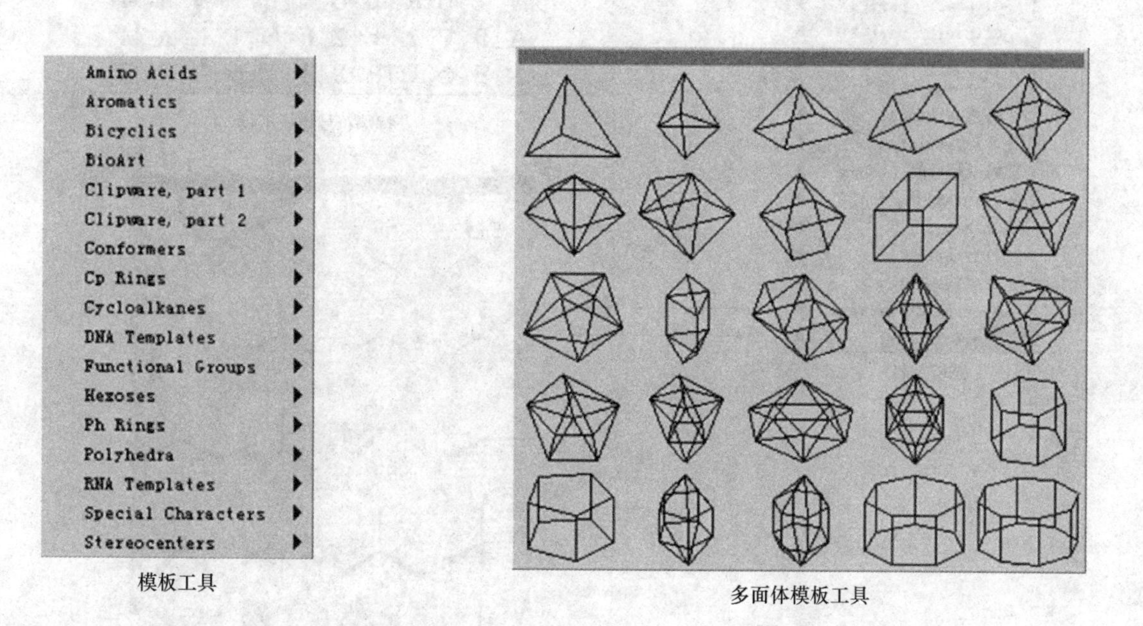

图 2.18　多面体模板工具

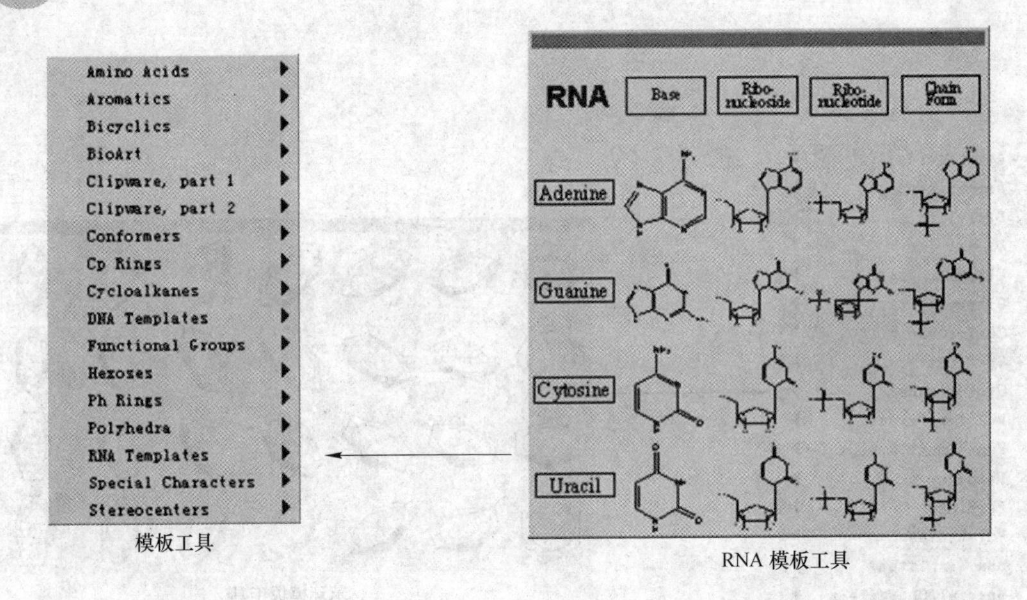

图 2. 19　RNA 模板工具

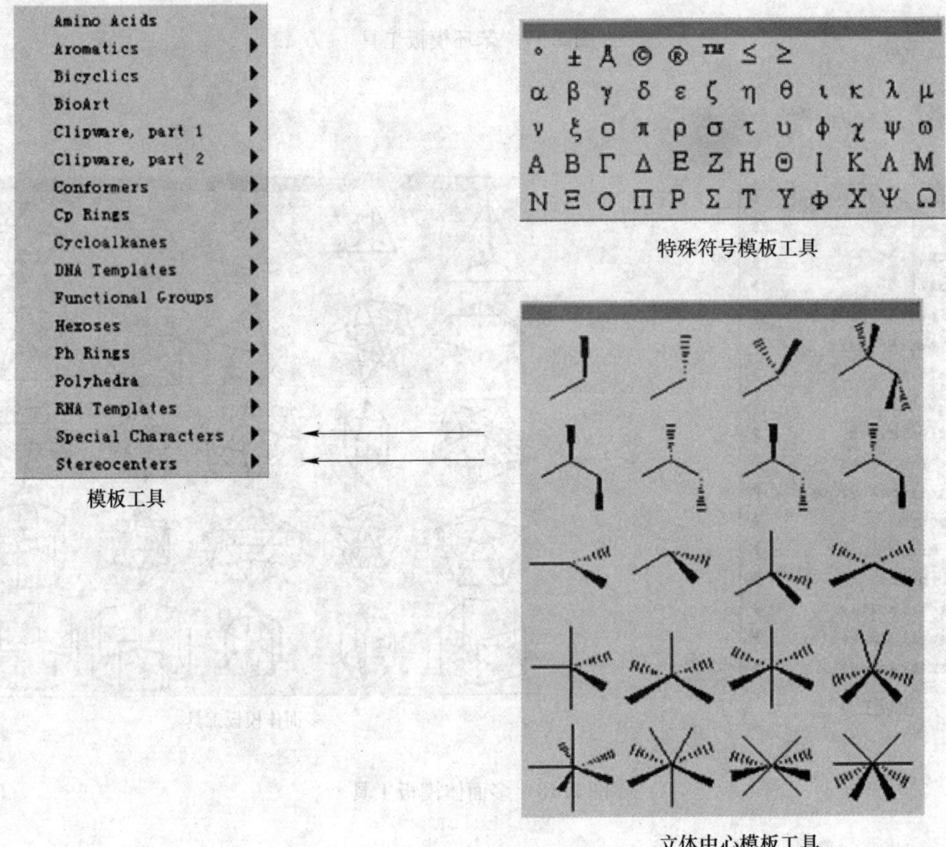

图 2. 20　特殊符号及立体中心模板工具

2.2.2 ChemDraw 文件格式

(1) CD Template (*.ctp, *.ctr)——用于保存模板文档。

(2) ChemDraw (*.cdx)——ChemDraw 原本格式，是一个公共标记的文件格式，易被其他程序建立和解释。

(3) ChemDraw Steyl Sheet (*.cds)——用于存储文件设置和其他物体。

(4) Connection Table (*.ct)——一种实例格式，存储关于原子与元素、系列编号、*X* 和 *Y* 轴、键序、键类型等的连接和联系的列表。是用于多类应用程序间互换信息的通用格式。

(5) DARC-F1 (*.fld)——Questel DARC 系统中存储结构的原本文件格式。

(6) DARC-F1 Query (*.flq)——Questel DARC 系统中存储查询的原本文件格式。

(7) ISIS Reaction (*.rxn)——MDL 开发的格式，用于存储元素反应信息。

(8) ISIS Sketch (*.skc)——在 Windows 或 Macintosh 环境下，存储并传输到另外的 ISIS 应用程序中。

(9) MDL MolFile (*.mol)——MDL（分子设计有限公司）MolFile 文件格式用于其他一些在 Windows、Macintosh 和 Unix 环境下的化学数据库和绘画应用软件。

(10) Galactic Spectra (*.spc)——银河图谱文件格式。

(11) Jcamp Spectra (*.jdx, *.dx)——图谱文件格式，可读入紫外、质谱、红外、核磁等数据文件。

(12) MSI ChemNote (*.msm)——一种 ASCII 文本文件，可以用于像 ChemNote 一类的应用程序。

(13) SMD 4.2 (*.smd)——ASCII 文本文件，一般用于检索化学文摘数据库。

(14) Windows Metafile (*.wmf)——图片文件格式，可以将 ChemDraw 图片传输到其他应用程序中，如 Word。WMF 文件格式中含有 ChemDraw 的结构信息，可被 ChemDraw 早期版本编辑。

2.2.3 ChemDraw 绘图操作

2.2.3.1 绘制叔丁基水杨醛肟结构式

叔丁基水杨醛肟结构式如图 2.21 所示。

绘叔丁基水杨醛肟结构式的步骤如下：

(1) 启动 ChemDraw；

(2) 单击垂直工具栏最下端的“苯环”按钮；

(3) 在绘图区单击鼠标，出现一个苯环；

(4) 单击“实线单键”按钮，将鼠标移到苯环的一个角上，出现深色的正方形连接点；

(5) 自连接点横向拉出 1 个实线单键，松开鼠标；

(6) 在苯环对位碳原子上自连接点横向拉出 1 个实线单键，松开鼠标，自单键终点向左、右、下三个方向再次拉出 3 个单键；

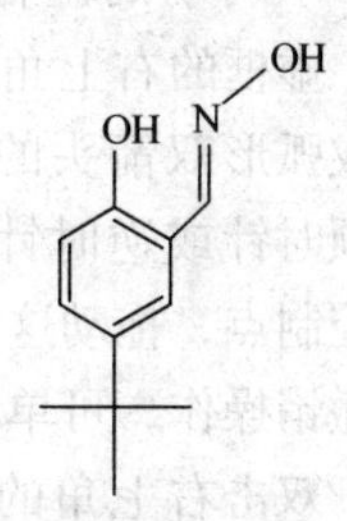

图 2.21 叔丁基水杨醛肟结构式

(7) 用同样的方法在苯环邻位也拉出 3 个单键；

(8) 单击多重键按钮，在待定连接点上拉出双键；

(9) 分别将鼠标至应该出现羟基或氧原子的位置，待出现连接点之后，单击键盘上的 O 键，则自动标上 O，按 C 键，将会依据键的饱和程度自动出现 CH_3、CH_2、CH 或 C，按完 C 键后紧接着按 L 键，会变成元素的符号（Cl）。按 N 键，则会出现 NH_2、NH 或 N；

(10) 单击选取框按钮，选中画好的结构式。

(11) 执行【Structure】/【Clean Up Structure】菜单命令，整理图形，得到最佳的叔丁基水杨醛肟结构式（包括键角大小），可以多次操作此步骤，直到最佳状态（不变化位置）。

2.2.3.2 图形存盘

ChemDraw 文件的扩展名为“cdx”。执行【File】/【Save as】菜单命令，弹出“另存为”对话框，即可对文档进行存储，可以另存为 ChemDraw 3.x 版的格式（扩展名为“chm”），或者“gif”、“bmp”图片格式。保存类型见图 2.22。

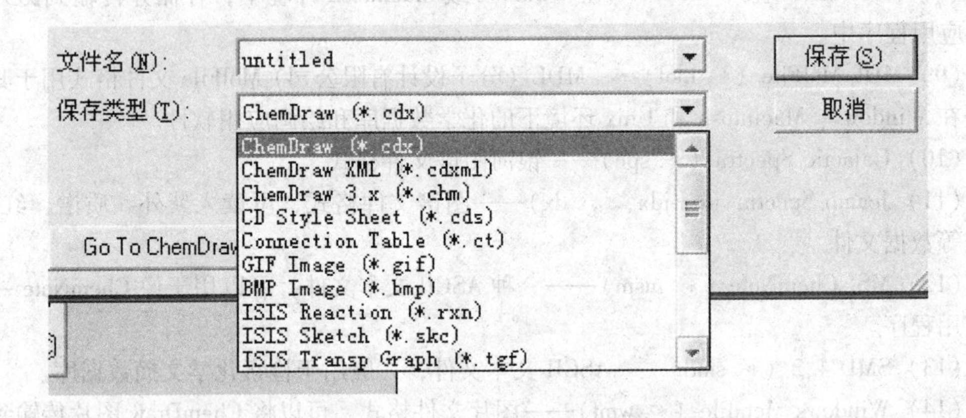

图 2.22 保存类型

2.2.3.3 图形的旋转与缩放

编辑好图形后经常要进行旋转和缩放，尤其是在写分子结构方程式时，当一个分子结构式画好后，如果还需要这个结构式，那就不需要重新画了，只需要复制画好的结构式，进行适当的旋转和缩放就可以。

方法：用选取框或套索选中图形，这时图形被一个闪动的虚框笼罩，如图 2.23 ~ 图 2.25 所示。虚框的右上角为旋转控制点，鼠标移至此会变成弧形双箭头的样子，单击鼠标拖动这个角可以顺时针或逆时针旋转图形。虚框的右下角为缩放控制点，拖动这个角可以按比例改变图形大小。要撤销操作，可单击【Undo】按钮。

双击右上角的黑色控制点，可以出现旋转控制窗口；双击右下角的黑色控制点，可以出现缩放控制窗口。

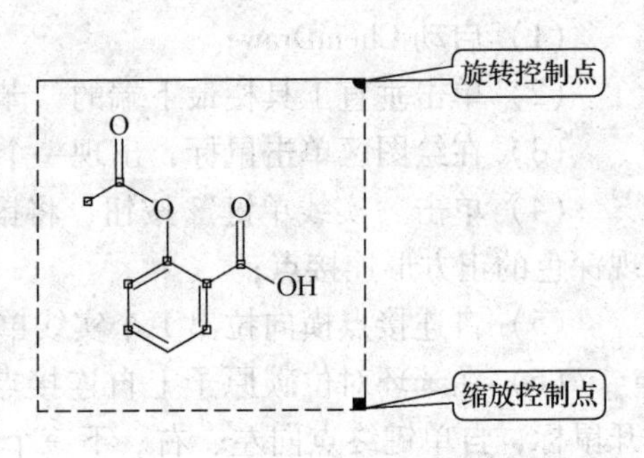

图 2.23 用笼罩选中图形

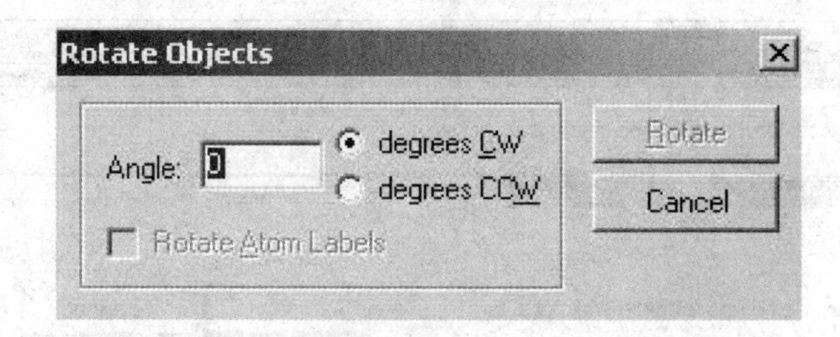

图 2.24 旋转角度

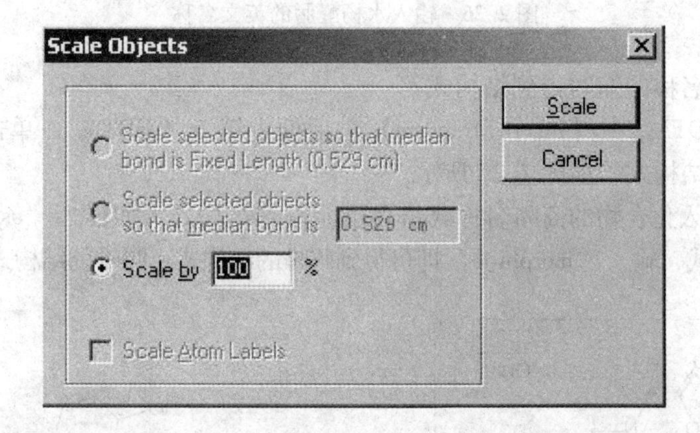

图 2.25 缩放比例

2.2.3.4 检查和整理结构式

当一个结构式画好后需要检查是否符合基本物质的成键规律，用 ChemDraw 自带的检查功能就可以做好。

方法：选中结构式后，执行【Structure】/【Check Structure】菜单命令，ChemDraw 就会将一个红色方框罩在有问题的原子或官能团上。

ChemDraw 中【Check Structure】功能是自动执行的，如果看到结构式有红色方框罩住的原子或官能团，用户就应该注意检查一下。有些是用户自行加入的键或原子，这种错误则可以忽略。如果没有问题，则系统给出“No errors found”。

2.2.3.5 由化合物名称得到结构式

如果知道了某化合物的英文名称，则可以不需要从头开始辛苦绘制结构式了，因为 ChemDraw 提供了一种“可以根据化合物的名称自动给出结构式”的功能。关键是化合物名称必须是英文的，而且最好是系统命名的。例如：水杨醛肟的英文名字为“hydroxybenzaldehyde oxime 或 (E)-2-hydroxybenzaldehyde oxime”，则可以根据该英文名称得到化合物结构式。

可根据化合物名称得到结构式，步骤如下：

(1) 执行【Structure】/【Convert Name to Structure】菜单命令，弹出【Insert Structure】对话框，如图 2.26 所示。

(2) 在输入框中输入“hydroxybenzaldehyde oxime”。

(3) 单击【OK】按钮，即出现水杨醛肟的结构式。

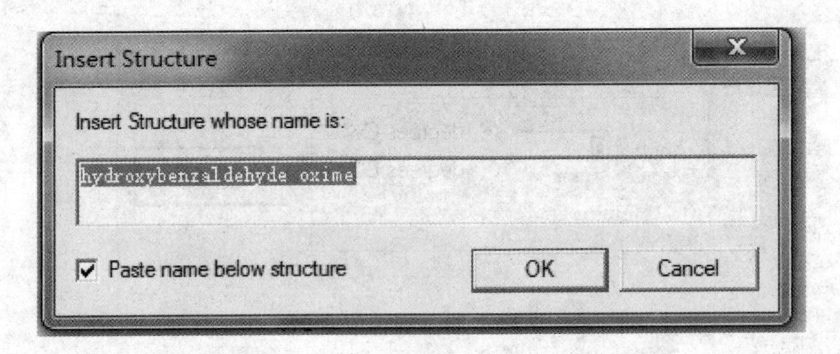

图 2.26 输入水杨醛肟的英文名称

根据化合物名称的缩写得到结构式：

（1）例如 EDTA。在【Insert Structure】对话框中键入“EDTA”，单击【OK】按钮，即出现 EDTA 的结构式，如图 2.27 所示。

（2）有时输入化合物的商品名称或俗名也能得到结构式，如输入“aspirin”即可得到阿司匹林的结构式，输入“morphine”即可得到吗啡的结构式。吗啡的结构式如图 2.28 所示。

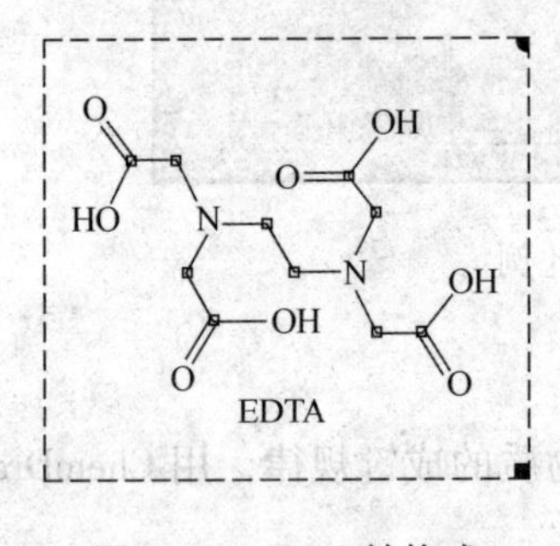

图 2.27 EDTA 结构式

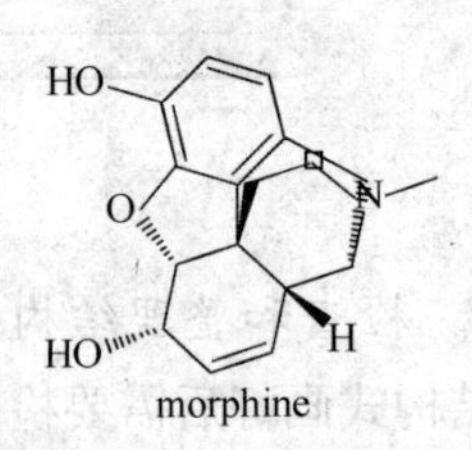

图 2.28 吗啡结构式

（3）需要说明的是，并非所有的化合物名称都能得到结构式。如果无法由名字产生结构式，ChemDraw 会弹出窗口显示提示信息，如输入“吗啡”，则出现如图 2.29 所示窗口。

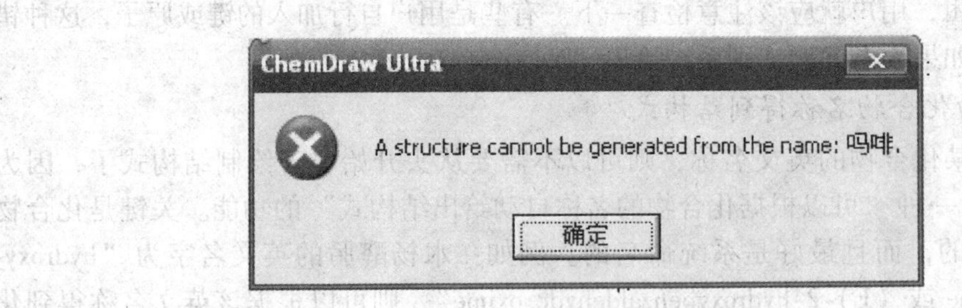

图 2.29 找不到结构式的提醒

2.2.3.6 根据结构得出化合物命名

当设计或者查找物质时，已经确定了化合物的结构，如果想知道其系统命名，可以借助 ChemDraw 帮忙得到正确的化合物名称。比如，已经获得了甲磺酸的结构式，但是想知道它的英文名称，具体方法如下：

（1）绘制甲基磺酸的结构式。

（2）选中此结构式。执行【Structure】/【Convert Structure to Name】菜单命令，即可在结构式下面出现系统命名，如图 2.30 所示。

$H_3C—S(=O)_2—OH$

methanesulfonic acid

图 2.30 甲磺酸结构式及名称

需要说明的是，并非所有的结构式都能给出化合物名称。如果无法由结构产生系统命名，ChemDraw 会弹出窗口显示提示信息：Sorry，a name could not be generated for that structure.

2.2.3.7 预测核磁共振化学位移

核磁共振是鉴定有机化合物的一种非常重要的表征方法。从核磁共振谱图中可以知道 C 和 H 的种类和物质，因此众多从事有机化学研究者都需要做核磁共振的 H 谱和 C 谱。ChemDraw 提供了一种预测化合物 H 谱和 C 谱的功能。如果要预测叔丁基水杨醛肟的 H 谱和 C 谱，具体方法如下：

（1）绘制水杨醛肟的结构式。

（2）选中此结构式。执行【Structure】/【Convert Structure to Name】菜单命令，即可在结构式下面出现系统命名，如图 2.31 和图 2.32 所示。

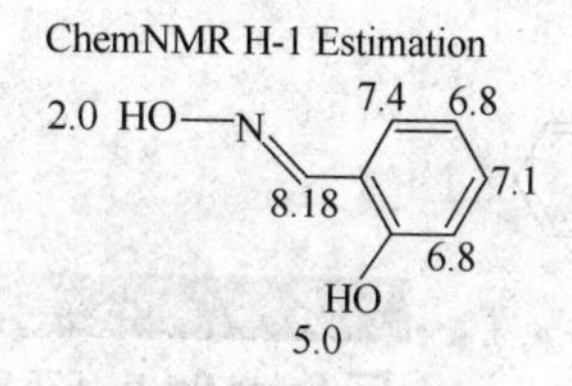

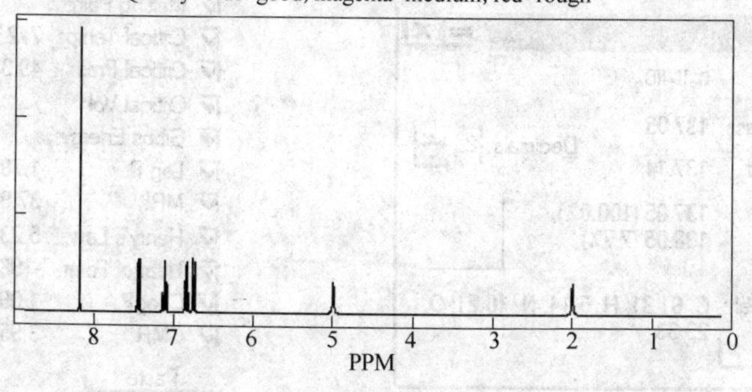

图 2.31 水杨醛肟的 H 谱

2.2.3.8 查找物质的理化性质

ChemDraw 的数据库非常丰富，提供了大部分物质的理化性质参数，可以根据化合物结构进行分析计算。

以“水杨醛肟”为例，选中“水杨醛肟”结构式，执行【View】/【Show Analysis Window】菜单命令，弹出如图 2.33 所示的分析窗口。这个窗口包括水杨醛肟的分子简式、摩尔质量、同位素分布图、元素分析组成比例等数据。执行【View】/【Show Chemical Properties Window】菜单命令，弹出如图所示的化学性质窗口。这个窗口给出化合物的沸点、熔点、临界温度、临界压力、临界体积、Gibbs 自由能、LogP、MR、Herry’s Law、生

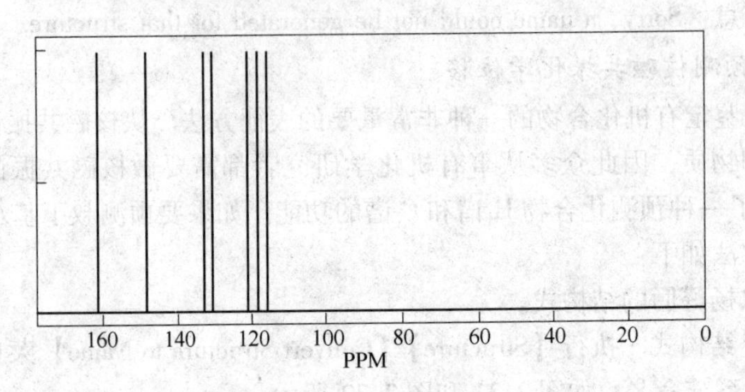

图 2.32　水杨醛肟的 C 谱

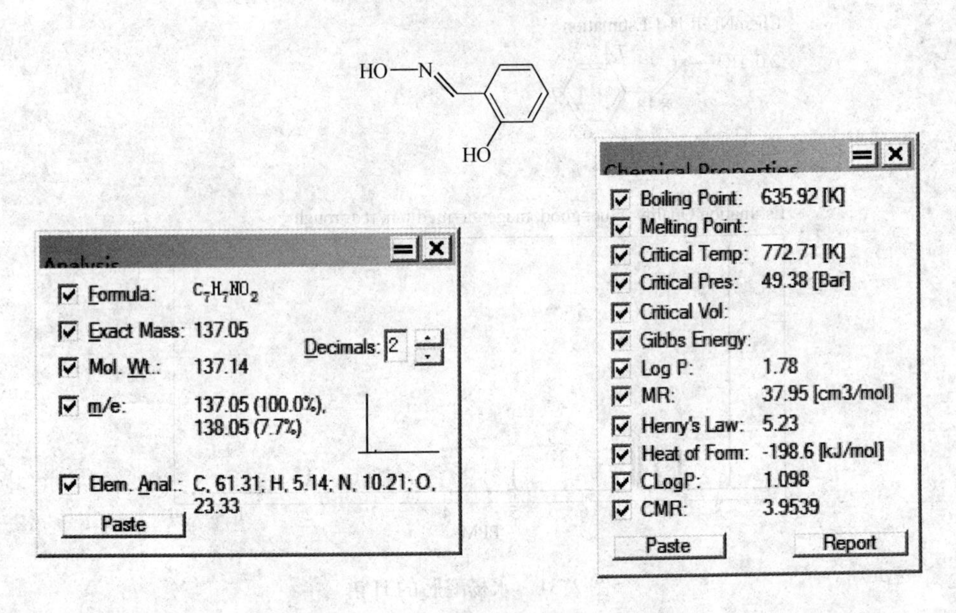

图 2.33　水杨醛肟的理化性质参数

成热、ClogP、CMR 等数据。

2.2.3.9　元素周期表

元素周期表在研究中非常重要，因为它提供了各种元素的基本特性和结构参数，时刻都离不开它。ChemDraw 提供了一张使用起来十分方便的元素周期表。执行【View】/【Show Periodic Table Window】菜单命令即可打开元素周期表窗口，如图 2.34 和图 2.35 所示。单击周期表上的元素符号，就可以得到该元素的物理性质。单击表中的 >> 按钮，可以打开或关闭周期表下方的物理性质详细列表。

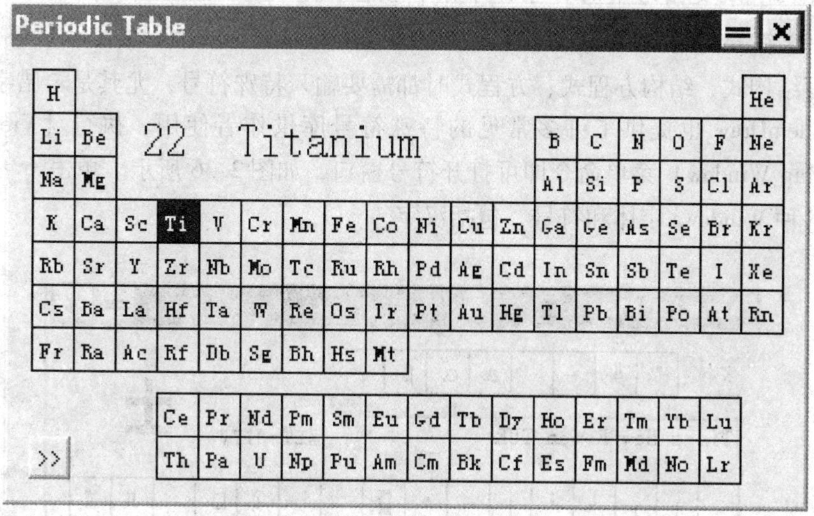

图 2.34 元素周期表

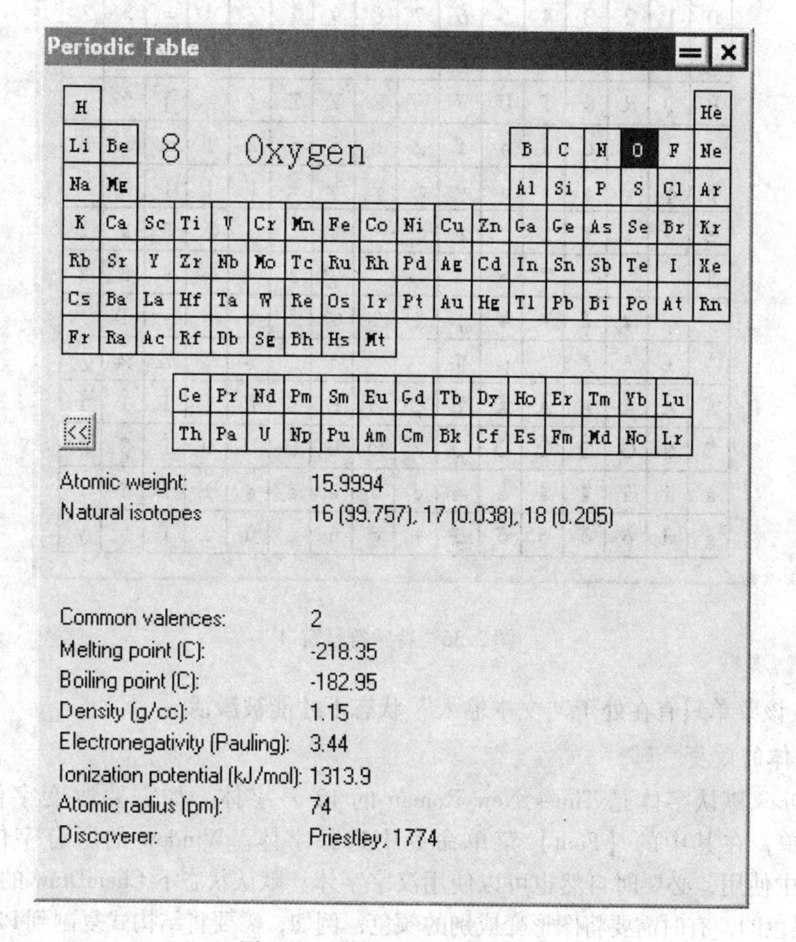

图 2.35 展开后的元素周期表

2.2.3.10 改变图形中的符号、字体和颜色

A 特殊符号的输入

在撰写结构式、结构方程式、方程式时都需要输入特殊符号，尤其是希腊字母、单位符号等。ChemDraw 也提供了许多常见的特殊符号库供作者使用。执行【View】/【Show Character Map Window】菜单命令即可打开符号窗口，如图 2.36 所示。单击▼下拉按钮，可以选择各种 Windows 字体和符号，包括汉字。

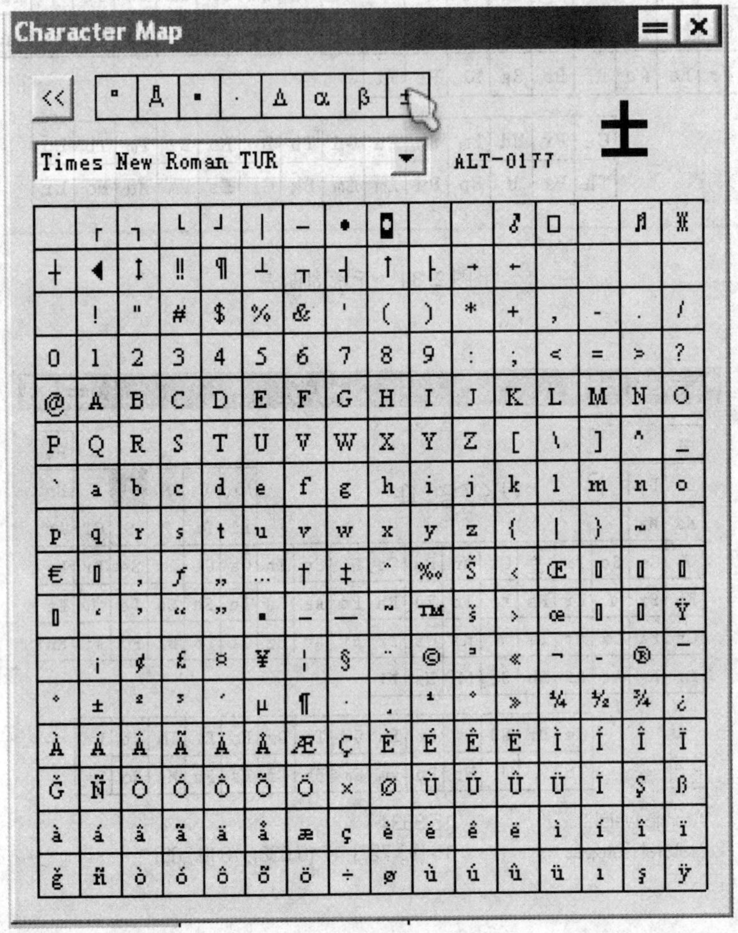

图 2.36 特殊符号窗口

注意：该菜单只有在处于“文本输入”状态下才能被激活。

B 字体的改变

ChemDraw 默认字体是 Times New Roman 的 12 号字体。如需要改变字体，可单击【Text】菜单，在其中的【Font】菜单命令中选择字体。Window 的所有字体都可以在 ChemDraw 中使用，必要时自然也可以使用汉字字体。默认状态下 ChemDraw 的文字和绘制的图形是黑色的，有时需要将图形变成别的颜色，例如，需要将结构式复制到 PPT 中，在白色背景上要投影得清楚，可以选用蓝色作为结构式的颜色。这就需要使用【Color】菜单。

C 改变结构式的颜色

有时候要对结构式中的重点原子、键等进行特殊说明，改变其颜色是一种非常好的方法。具体操作如下：

（1）选中画好的结构式。

（2）单击【Color】菜单会下拉出菜单项，除了黑色之外，里面包括8种可以选择的颜色。

（3）单击【Other #5】号颜色，完成改变结构式颜色的操作。

蓝色是其中的【Other #5】号颜色。如果用户对这8种颜色不满意，可以单击最下面的【Other】选项，弹出【颜色】调色板，其中有更多的颜色选项，并可以自定义颜色。也可以使用工具栏上的颜色按钮进行颜色改变。

2.2.3.11 快捷菜单和快捷键

A 快捷菜单

在选中的结构上单击鼠标右键，会弹出快捷菜单。ChemDraw 快捷菜单包含了多种选项，使用快捷菜单能完成常用编辑、属性设置、模板选择等功能。

B 快捷键

ChemDraw 提供了大量快捷键，掌握快捷键能大大提高工作效率。

常用的与结构有关的快捷键为：

Ctrl + Shift + K 整理结构式。

Ctrl + Shift + N 将化合物名称转换为结构式。

Alt + Ctrl + Shift + N 将结构式转换为化合物名称。

编辑快捷键与其他软件如 Word 相同，常用的与图形编辑有关的快捷键为：

Ctrl + A 全选。

Ctrl + C 复制。

Ctrl + V 粘贴。

Ctrl + X 剪切。

F9 字符下标。

F10 字符上标。

Ctrl + R 旋转图形，可以设定旋转角度。

Ctrl + K 改变图形大小，可以设定键长。

Ctrl + Shift + H 水平翻转图形。

Ctrl + Shift + V 垂直翻转图形。

2.2.3.12 绘制实验装置图

ChemDraw 提供了绘制简单实验装置示意图的基本素材，比如：铁架台、铁夹、加热器、单口烧瓶、蒸馏头、温度计、直形冷凝管、接收器，等等。可以利用它来描述实验装置和过程，对开展科学研究和撰写论文很有帮助。具体操作如下：

（1）执行【View】/【Other ToolBars】/【Clipware，part1】菜单命令，将 Clipware，part1 模板窗口打开。

（2）在【Clipware，part1】和【Clipware，part2】中依次选择合适的铁架台、铁夹、加热器、单口烧瓶、蒸馏头、温度计、直形冷凝管、接收器等模板，并将其绘制出来。

将玻璃仪器在磨口处拼接好。如果器件前后排列的次序不对，可在器件上击右键，在弹出的快捷菜单中选择【Bring to front】或【Send to back】命令，将器件提到前面或置于后面。

2.2.4 轨道工具

ChemDraw 提供了丰富的轨道工具素材，对描述实验机理和反应过程有很大帮助，具体操作如图 2.37 ~ 图 2.41 所示。

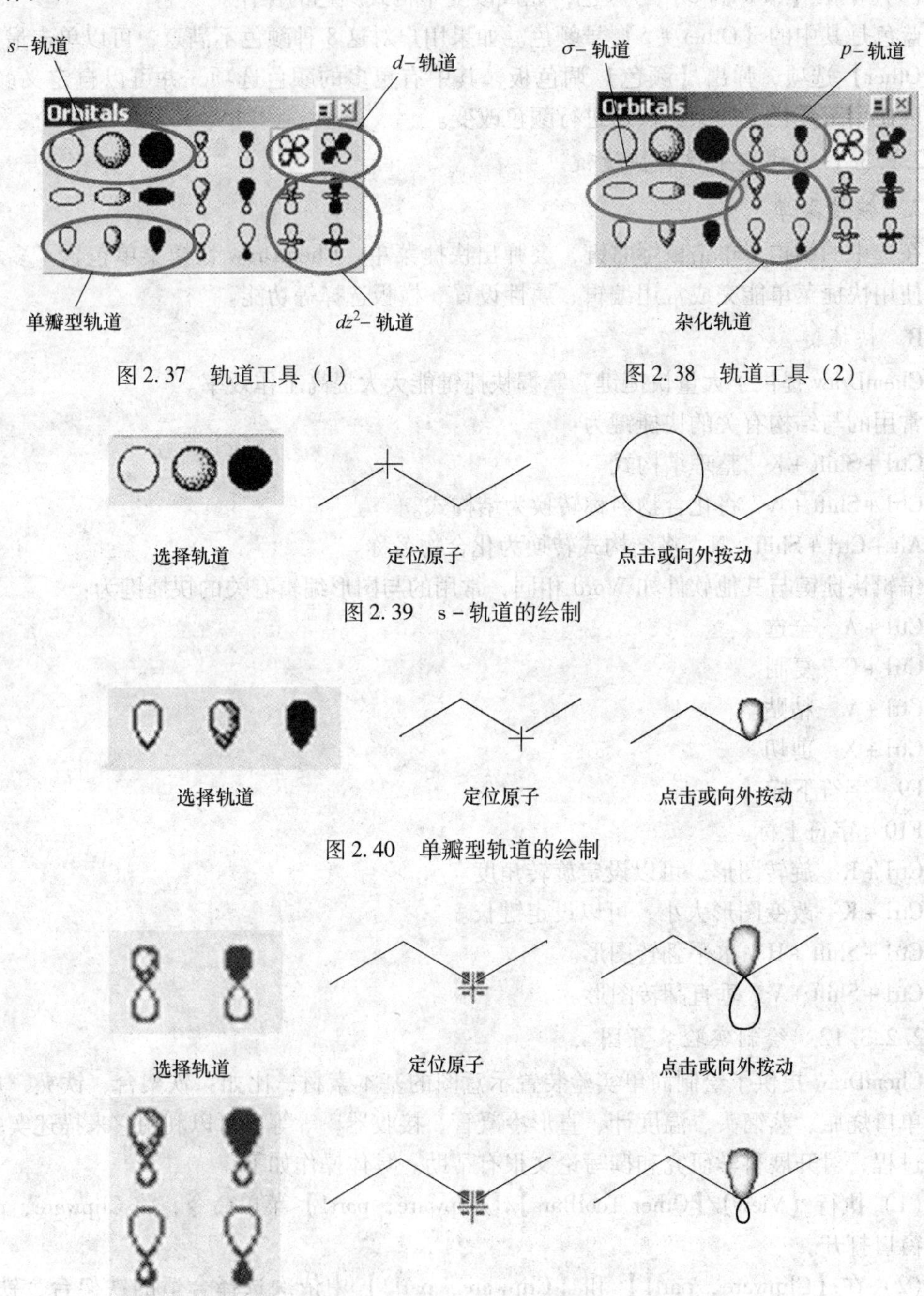

图 2.37 轨道工具（1）

图 2.38 轨道工具（2）

图 2.39 s－轨道的绘制

图 2.40 单瓣型轨道的绘制

图 2.41 p－轨道及杂化轨道的绘制

2.2.5 化学符号

ChemDraw 提供了丰富的化学符号素材，对描述实验机理和反应过程有很大帮助，具体操作如图 2.42 ~ 图 2.45 所示。

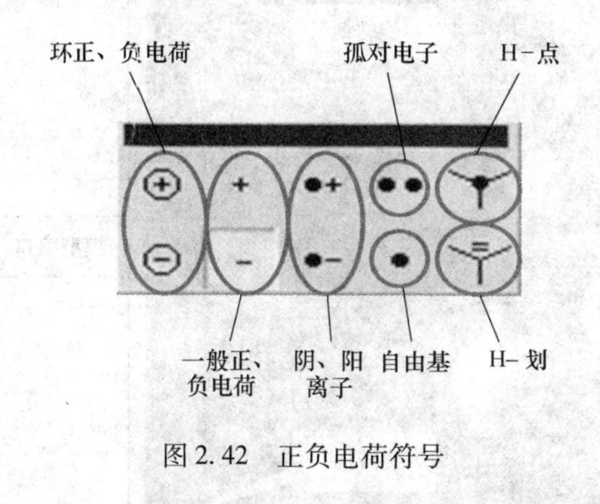

图 2.42 正负电荷符号

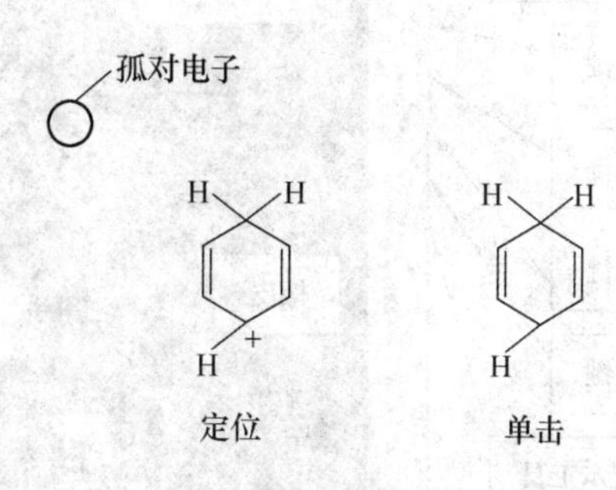

图 2.43 孤对电子

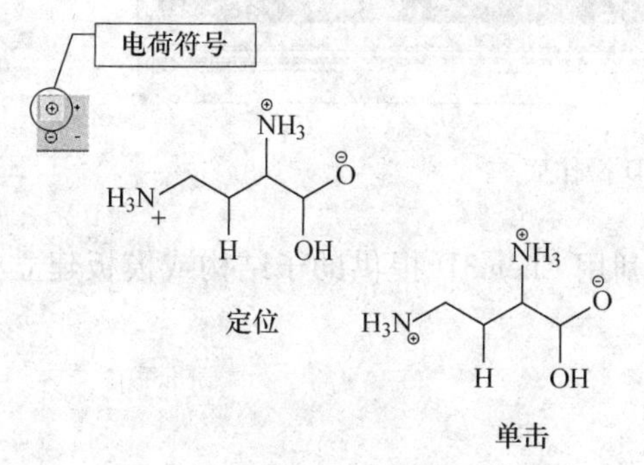

图 2.44 电荷符号

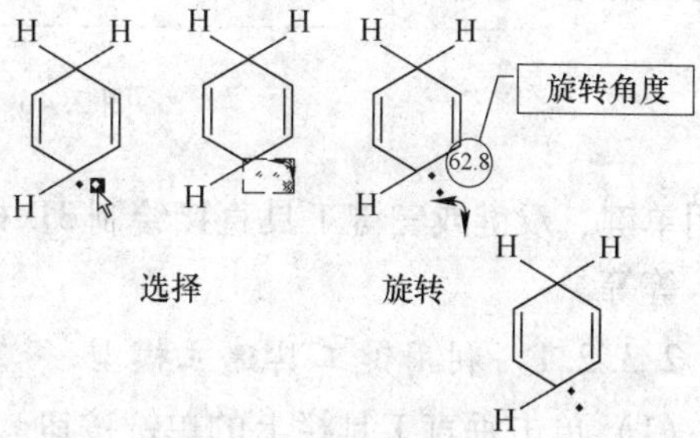

图 2.45 化学符号的旋转

2.3 Chem3D 绘图

2.3.1 Chem3D 简介

Chem3D 是 ChemOffice 的一个重要组成部分，是 ChemDraw 的重要补充，它主要用于绘制三维分子结构模型。ChemDraw 上画出的二维结构式可以正确地自动转换为三维结构。Chem3D Ultra 版还包括了一个很好的半经验量子化学计算程序 MOPAC97，并能与 Gaussian98 连接，作为它的输入、输出界面，能够以三维的方式方法显示量子化学计算结果，如分子轨道、电荷密度分布等。

初次打开 Chem3D 后的操作面如图 2.46 所示。

2.3.2 建立 3D 模型

Chem3D 提供了非常多的 3D 模型建立方法。一方面，可以利用 ChemDraw 画好的分子结构式直接转化为 3D 模型；另一方面，也可以利用 Chem3D 自带功能建立模型，比如：

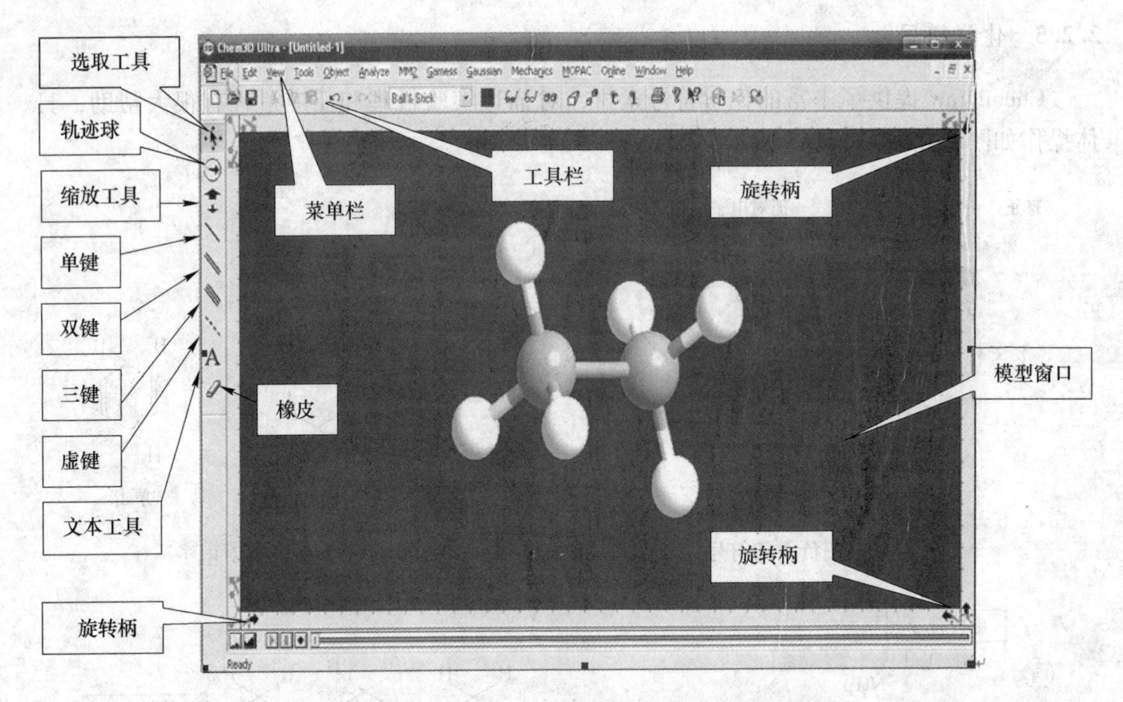

图 2.46 Chem3D 操作面

利用单键、双键或三键工具直接绘制 3D 模型，利用 Chem3D 提供的子结构或模板建立模型，等等。

2.3.2.1 利用键工具建立模型

(1) 单击垂直工具栏上的单键按钮。

(2) 将鼠标移动至模型窗口，按住鼠标左键拖出一条直线，放开鼠标即成乙烷(C_2H_6) 立体模型。

(3) 将鼠标移至 C(1) 原子上，向外拖出一条直线，放开鼠标即成丙烷 (C_3H_8) 立体模型。

(4) 将鼠标移至 C(2) 原子上，向外拖出一条直线，放开鼠标即成丁烷 (C_4H_{10}) 立体模型，如图 2.47 所示。

2.3.2.2 利用文本工具建立模型

(1) 单击垂直工具栏文本【A】按钮。

(2) 将鼠标移至模型窗口，单击鼠标出现文本输入框，在输入框中输入"C_3H_8"，如图 2.48 所示。

(3) 按回车键，Chem3D 自动将输入的分子式变成丙烷 3D 模型。

若化合物带有支链，可以将支链用括号括起来。如建立异丁烷模型可输入"CH3CH(CH3)CH3"。

如建立异戊二烯 3D 模型可输入"CH2C(CH3)CHCH2"。

如建立 4-甲基-2-戊醇 3D 模型可输入"CH3CH(CH3)CH2CH(OH)CH3"。

输入一组氨基酸的缩写，可建立多肽的 3D 结构。如输入"H(Ala)12OH"，然后用工

图 2.47 丁烷球棍模型

具转动模型。

若模型很复杂，可以考虑改用线状模型显示。在显示螺旋时也可以使用带状模型。文本输入如图 2.48 所示。

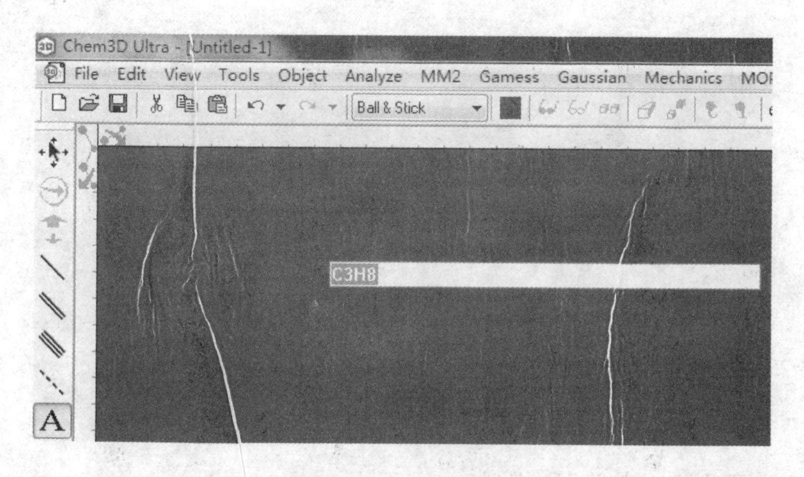

图 2.48 文本输入

2.3.2.3 利用子结构库建立 3D 模型

用户可以从 Chem3D 子结构库中选择需要的结构，然后将它们拼装起来，形成复杂结构模型。比如：建立联苯 3D 模型，步骤如下：

(1) 执行【View】/【Substructures. TBL】菜单命令，弹出【CS Table Editor Substructures】窗口，单击【Phenyl】苯基的【Model】选中之，如图 2.49 所示。

(2) 单击工具栏上的复制按钮复制子结构。

(3) 回到 3D 模型窗口，单击水平工具栏上的粘贴按钮，将子结构粘贴至窗口。

(4) 再将单击粘贴按钮，这样窗口中就有了两个苯环。

(5) 单击垂直工具栏上的单键按钮将两个苯环连接起来，得到如图 2.50 所示的模型。

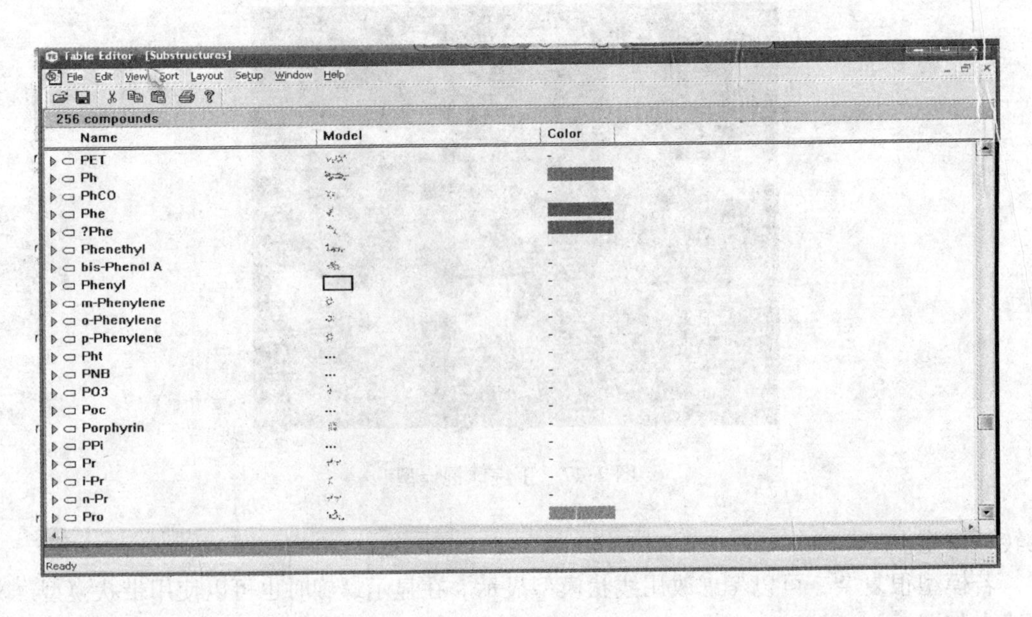

图 2.49 子结构库

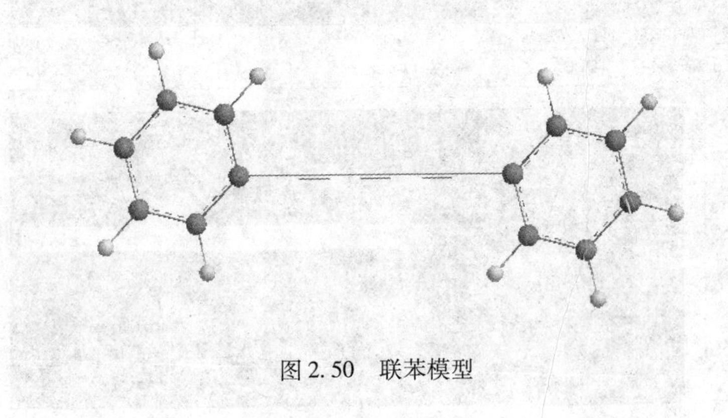

图 2.50 联苯模型

2.3.2.4 利用模板建立 3D 模型

Chem3D 自带 18 种常见物质的模型结构，其中包括富勒烯 C60。如果要研究富勒烯 C60，则可以利用模板工具来绘制出它的模型，不需要自己再从头绘制。

方法：执行【File】/【Templates】/【Buckminsterfullerene. C3T】菜单命令，如图 2.51 所示，选择“Buckminsterfullerence. C3T”，然后出现 C60 的 3D 模型，如图 2.52 所示。

2.3.3 ChemDraw 结构式与 3D 模型间的转换

Chem3D 模型可以与 ChemDraw 平面结构式相互转换。具体操作有以下三种。

2.3.3.1 ChemDraw 结构式转换成 3D 模型

（1）在 ChemDraw 中绘出乙烷的平面结构式。

（2）选中结构式，复制到 Chem3D 的窗口中，Chem3D 自动将平面结构式转变成 3D 模型。

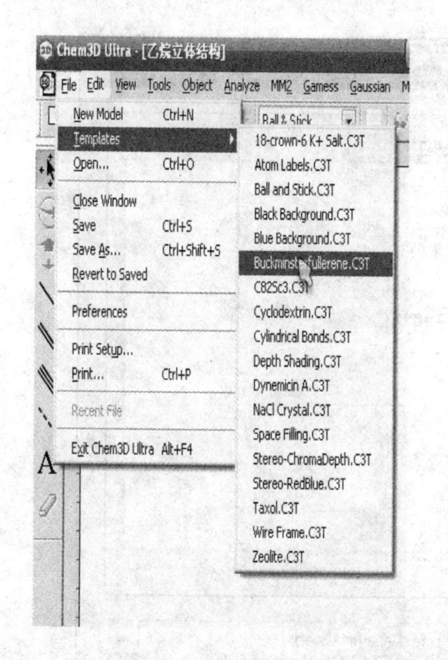

图 2.51　模板菜单

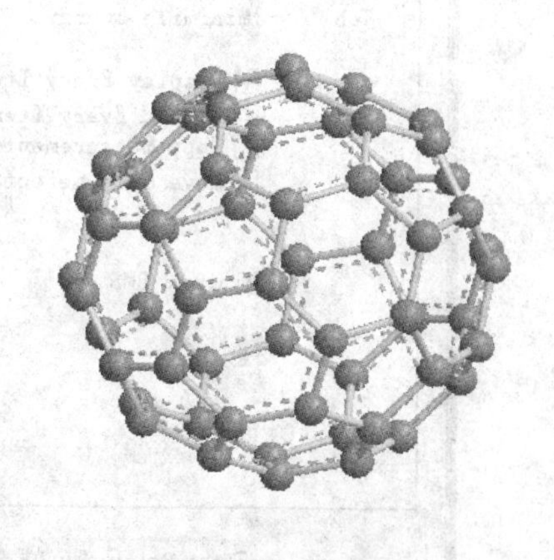

图 2.52　富勒烯结构

2.3.3.2　利用 ChemDraw 或 Chem3D 直接打开对应文件

比如：Chem3D 也可以直接打开 ChemDraw 文件。

（1）执行【File】/【Open】菜单命令，弹出【Open】对话框。

（2）在【文件类型】窗口中选择“ChemDraw（＊.cdx；＊chm）”类型。

（3）单击打开按钮打开文件。Chem3D 自动将 ChemDraw 文件转换为 3D 模型。

2.3.3.3　3D 模型转换为平面结构式

（1）选中某物质的 3D 模型。

（2）执行【Edit】/【Copy As】/【ChemDraw Structure】菜单命令，复制此模型。

（3）粘贴至 ChemDraw 窗口中。

2.3.4　整理和优化结构

通常情况下，利用【键】工具来建立的 3D 结构，但是这种方法建立结构模型后的键角及键长经常不符合正常情况下的数值，因此必须对结构进行适当调整和优化，以便得到能量最低的构象。

整理结构与简单优化的操作步骤如下：

（1）执行【Edit】/【Select All】菜单命令（或 Ctrl + A 按键），将模型全部选中。

（2）执行【Tools】/【Clean Up Structure】菜单命令，整理结构。

（3）执行【MM2】/【Minimize】菜单命令，弹出【Minimize Energy】对话框，如图 2.53 所示。

（4）单击 Run 按钮开始对模型进行优化，每迭代一次模型都会发生改变，最终给出能量最低状态。

由于选择了【Display Every Iteration】，迭代计算过程中，Chem3D 窗口最下方的状态栏会显示迭代过程中各种参数的变化。

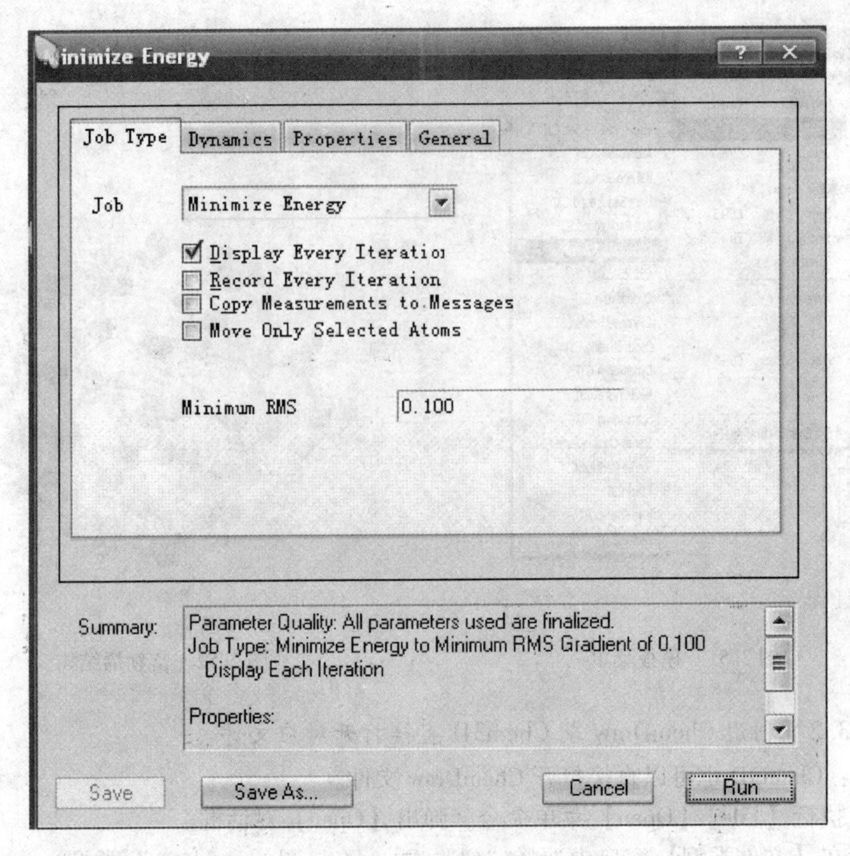

图 2.53 能量优化界面

2.3.5 显示 3D 模型信息

将鼠标移动至 3D 模型的原子上，会弹出一个窗口显示该原子的相关信息，如图 2.54 所示。

将鼠标移动至 3D 模型的化学键上，会弹出一个窗口显示化学键的相关信息，包括键长、键级等，如图 2.55 所示。

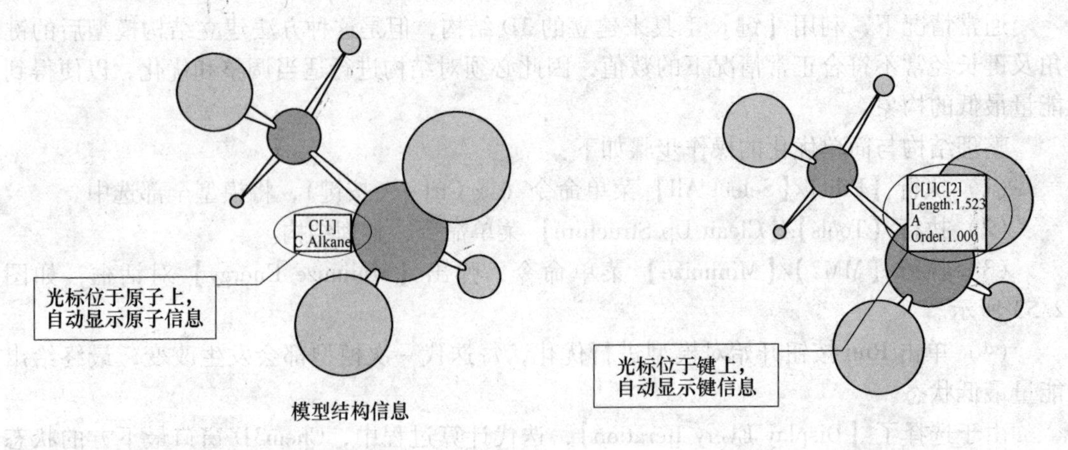

图 2.54 原子的相关信息　　图 2.55 键的相关信息

按住 Shift 键不动，用鼠标顺序选中连续的 3 个原子，然后将鼠标停留在任一原子上，即可显示这 3 个原子形成的键角。

要显示更详细的信息，可以执行【Analyze】/【Show Measurements】/【Show Bond Lengths】菜单命令，如图 2.56 所示。

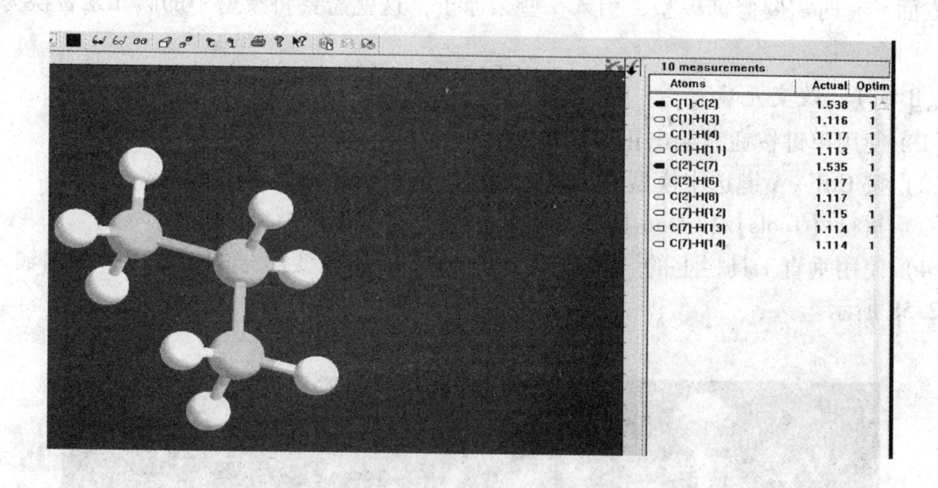

图 2.56　全部原子和键的信息

模型的全部键长数据会出现在右侧新分裂出来的窗口中，如图 2.57 所示。

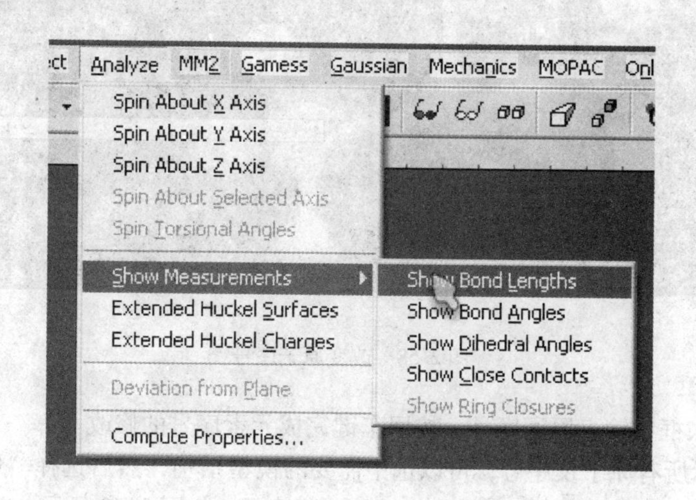

图 2.57　显示全部键长

执行【Analyze】/【Show Measurements】/【Show Bond Angles】菜单命令可以显示全部键角数据。

显示或关闭全部键的数据窗口，可执行如下命令操作：Tools—Show Model Table—Measurements。

要显示全部元素的符号和序号，可以选中全部模型，然后执行【Object】/【Show Element Symbols】菜单命令，以及【Object】/【Show Element Symbols】/【Show】菜单命令，显

示元素符号及标号。

2.3.6 改变元素序号与替换元素

以化学键工具建立起来的3D模型，元素编号可能不符合要求，因此需要加以修改。另一方面，有时需要修饰模型，引入一些杂原子，这就需要将模型中的碳元素替换为其他元素。

2.3.6.1 改变元素序号

（1）使用单键按钮，绘出正丁烷模型。

（2）按Ctrl + A键选中模型。

（3）执行【Tools】/【Clean Up Structure】菜单命令整理模型。

（4）使用垂直工具栏上的“选取工具”，双击需要改变序号的碳原子，弹出输入框，如图2.58所示。

图2.58 改变原子序号

（5）在输入框中输入原子序号，按回车键完成元素序号的修改。

如果要显示所有原子及序号，可以选中需要的模型结构，然后选择“Object”菜单中的“Show Element Symbols”和“Show Serial Numbers”，如图2.59所示。

2.3.6.2 替换元素

（1）双击上述正丁烷模型中的C(1)原子，弹出输入框，如图2.60所示。

（2）在输入框中输入大写字母“O”，即氧原子，按回车键。

（3）如此这般修改C(4)原子，最终得到乙二醇3D模型，如图2.61所示。

在乙二醇的3D模型中，氧原子显示为与碳原子不同的颜色，并且氧原子上的孤对电子也显示出来。若要关闭氢原子和孤对电子的显示，可选择【Tools】/【Show H's and Lp's】菜单命令，将其前面的对号去掉。

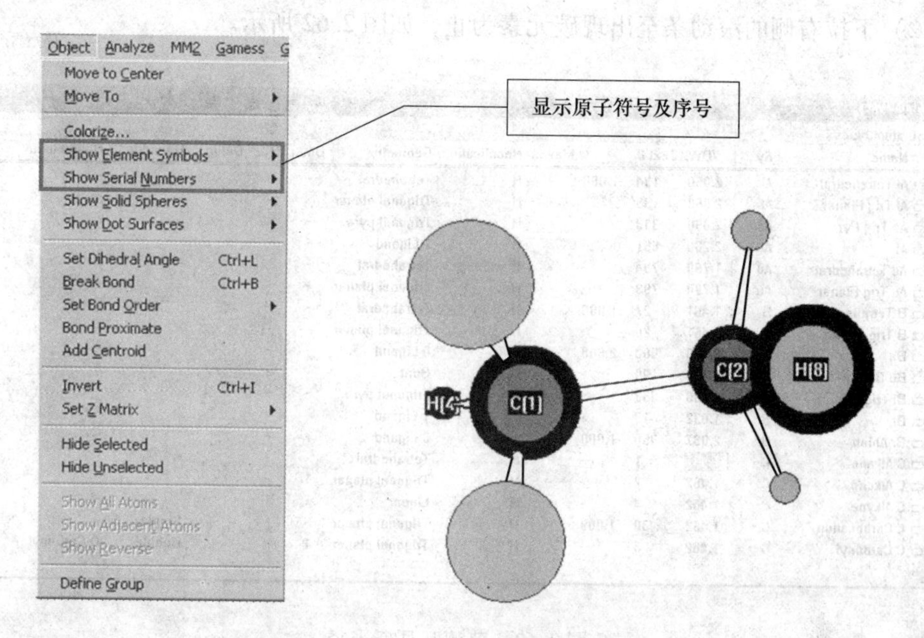

图 2.59 显示所有原子及序号

图 2.60 改变原子符号

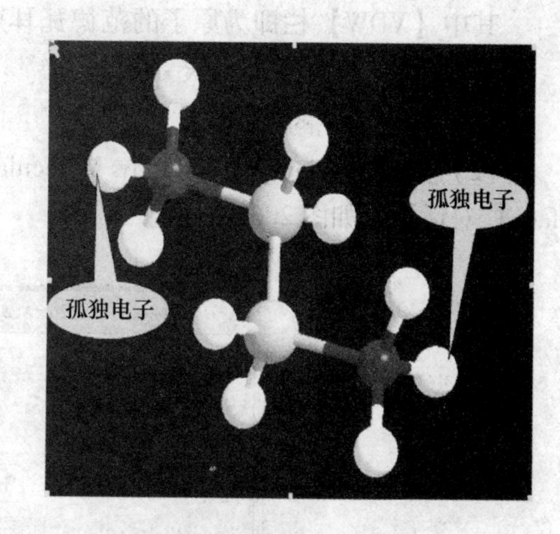

图 2.61 乙二醇 3D 模型

注意：如果你要多个原子同时替换成【O】，则可以对多个原子进行统一选定，然后输入【O】，这样，被选定的原子全部变成了【O】原子。提醒：多选时可以按【shift】键，进行连续多选。

2.3.7 原子和分子的大小

可以用 Chem3D 查找分子或晶体中原子的范德瓦耳斯半径。

2.3.7.1 查找 C 原子的范德瓦耳斯半径

(1) 执行【View】/【Atom Types. TBL】菜单命令，弹出【Table Editer】窗口，并自动打开【Atom Types. TBL】。

（2）下拉右侧的滚动条至出现碳元素为止，如图 2. 62 所示。

Atom Types

180 atom types

Name	Sy...	VDW	Text #	¢	Max ...	Rectificatio...	Geometry	Do...	Tr...	Deloc...	Bound-to ...	Bound-to ...
Al Tetrahedral	Al	2.050	134	-1.000	-	H	Tetrahedral	-	-	-	-	-
Al Trig Planar	Al	2.050	133	-	-	H	Trigonal planar	-	-	-	-	-
As Trig Pyr	As	2.050	333	-	-	H	Trigonal pyra...	-	-	-	-	-
At	At	2.250	851	-	-	H	1 Ligand	-	-	-	-	-
Au Tetrahedral	Au	1.790	794	-	-	H	Tetrahedral	-	-	-	-	-
Au Trig Planar	Au	1.790	793	-	-	H	Trigonal planar	-	-	-	-	-
B Tetrahedral	B	1.461	27	-1.000	-	H	Tetrahedral	-	-	-	-	-
B Trig Planar	B	1.461	26	-	-	H	Trigonal planar	-	-	-	-	-
Ba	Ba	2.780	560	2.000	-	-	0 Ligand	-	-	-	-	-
Be Bent	Be	1.930	99	-	-	H	Bent	-	-	-	-	-
Bi Trig Pyr	Bi	2.300	833	-	-	H	Trigonal pyra...	-	-	-	-	-
Br	Br	1.832	13	-	-	-	1 Ligand	-	-	-	-	-
Br Anion	Br	2.037	350	-1.000	-	-	0 Ligand	-	-	-	-	-
C Alkane	C	1.431	1	-	-	H	Tetrahedral	-	-	-	-	-
C Alkene	C	1.462	2	-	-	H	Trigonal planar	1	-	-	-	-
C Alkyne	C	1.462	4	-	-	H	Linear	-	1	-	-	-
C Carbocation	C	1.462	30	1.000	-	H	Trigonal planar	-	-	-	Single	-
C Carbonyl	C	1.462	3	-	-	H	Trigonal planar	1	-	-	Double	O Carbonyl

图 2. 62 范德瓦耳斯半径

其中【VDW】栏即为原子的范德瓦耳斯半径，找出变化规律。

2. 3. 7. 2 观察分子的大小

（1）建立丙烷的 3D 模型。

（2）执行【View】/【Connolly Molecular】菜单命令，弹出【Connolly Molecular Surface】对话框，如图 2. 63 所示。

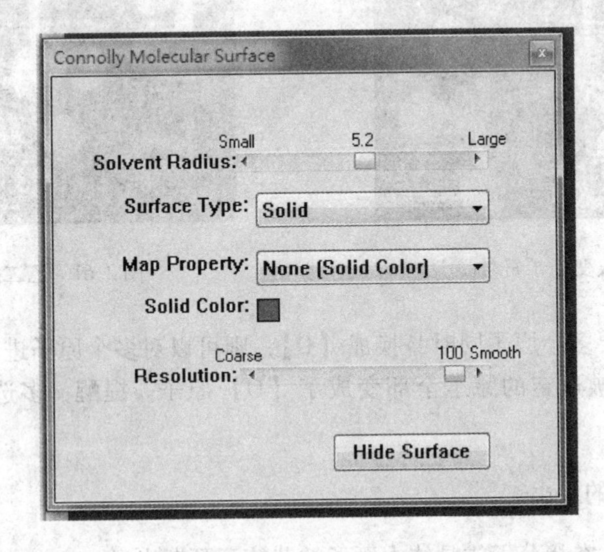

图 2. 63 【Connolly Molecular Surface】对话框

【Surface Type】选项可以选择分子表面的显示类型，默认值为【Solid】，还可以选择【Wire Mesh】、【Dots】、【Translucent】等类型。选用后面这些类型时，分子表面是透明或半透明的，依然能看到原3D模型。

（3）将【Resolution】水平滑动块右移到头，其值为“100”。

（4）单击 Show Surface 按钮，即可显示丙烷分子的表面情况，如图2.64所示。

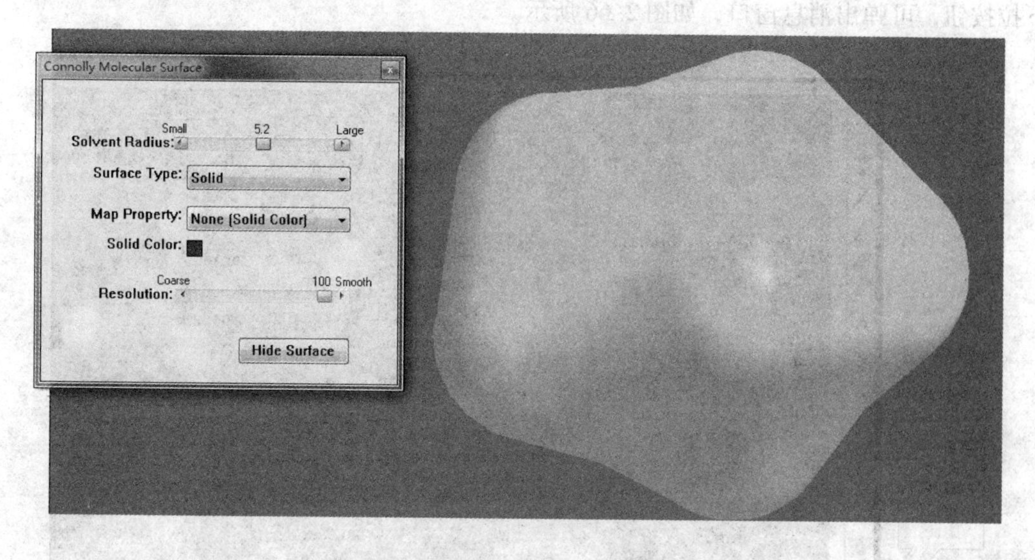

图2.64 丙烷分子的表面情况

2.3.7.3 计算分子的体积

（1）建立丙烷的3D模型。

（2）执行【Analyze】/【Compute Properties】菜单命令，弹出【Compute Properties】对话框，如图2.65所示。

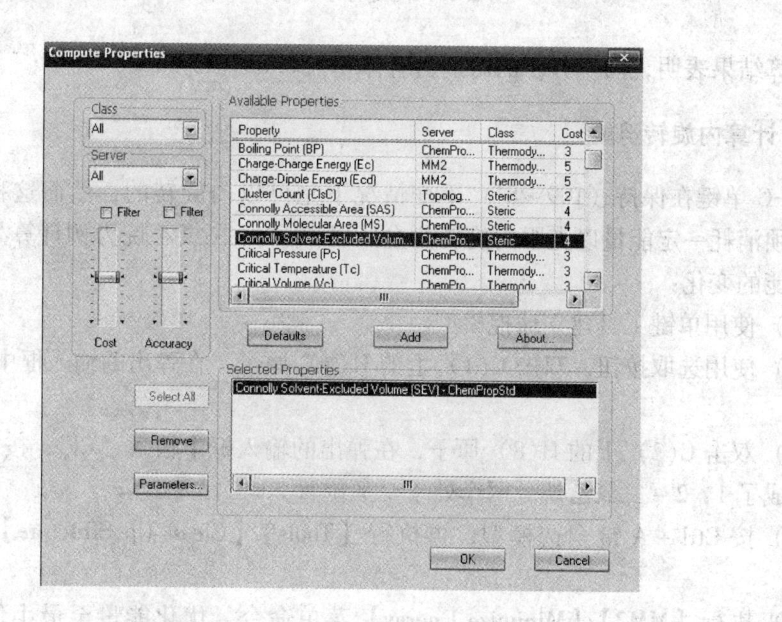

图2.65 【Compute Properties】对话框

(3) 在【Available Properties】选项框中，双击【Connolly Solvent-Excluded Volume【SEV】-ChemPropStd】选项，使之加入到下面的【Selected Properties】框中。

(4) 单击 OK 按钮开始计算。计算最终结果显示在窗口下面的消息框中。单击右侧的下拉按钮，可弹出消息窗口，如图 2.66 所示。

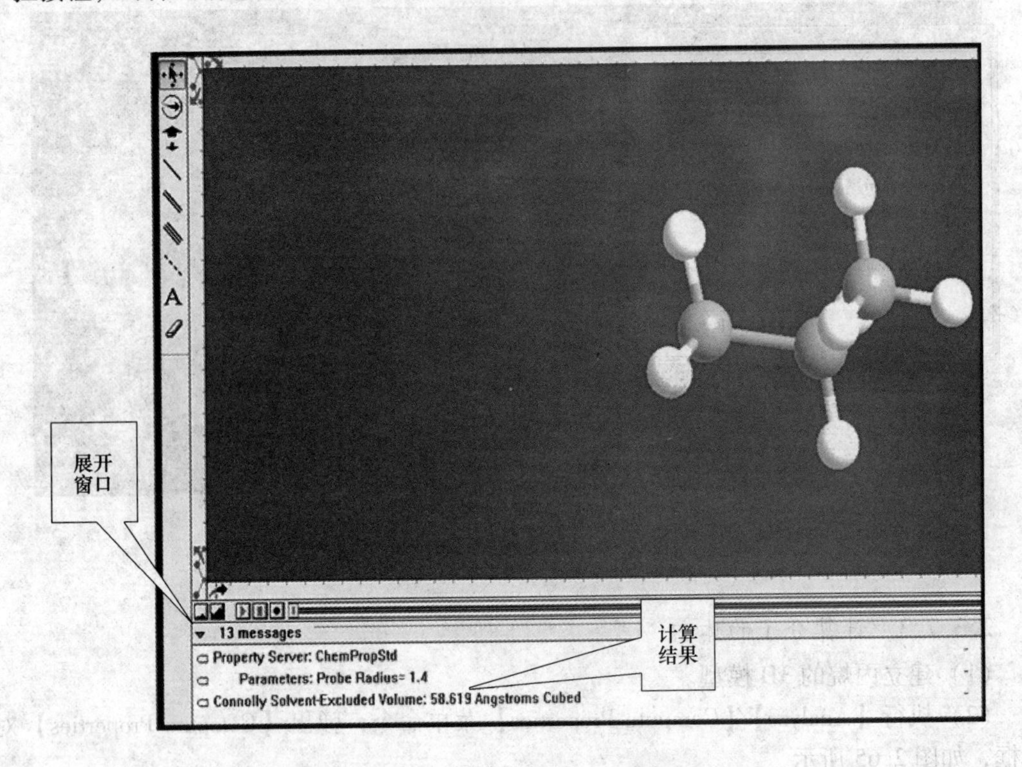

图 2.66 丙烷分子体积计算结果

计算结果表明，丙烷分子的熔剂占有体积为 0.058619nm^3。

2.3.8 计算内旋转势能

C—C 单键在保持（109°28′）不变情况下是可以内旋转的，然而这种内旋转是受阻的，必须消耗一定能量以克服内旋转势垒。以 1，2 - 二氯乙烷为例计算处于不同构象状态时势能的变化：

(1) 使用单键工具建立球棍模型。

(2) 使用选取按钮，双击 C(1) 上的 H(4) 原子，在弹出的输入框中输入“Cl”，按回车键。

(3) 双击 C(2) 上的 H(8) 原子，在弹出的输入框中输入“Cl”，按回车键。这样模型就变成了 1，2 - 二氯乙烷，两个处于交叉位置。

(4) 按 Ctrl + A 键全选模型，再执行【Tools】/【Clean Up Structure】菜单命令整理模型。

(5) 执行【MM2】/【Minimize Energy】菜单命令，优化能量至最小值。最终得到的 1，2 - 二氯乙烷模型如图 2.67 所示。

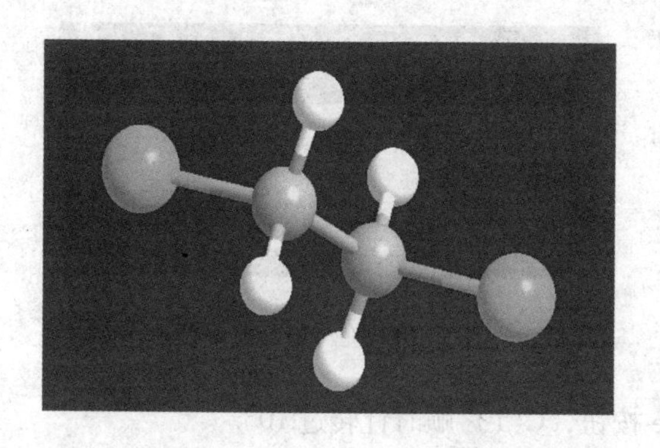

图 2.67　1，2－二氯乙烷模型

（6）执行【MM2】/【Compute Properties】菜单命令，弹出【Compute Properties】对话框，如图 2.68 所示。

（7）单击 Run 按钮开始计算。

计算结果显示在窗口下面的消息栏上，应该能看到形如“Message #70 of 70：The Steric energy for frame 1：3.382 kcal/mol”之类的消息说明，这里的“3.382kcal/mol”即为旋转势能。读者可参照打开消息窗口查看消息详情。

（8）将计算得到的结果“3.382kcal/mol”记录下来。

（9）使用选取按钮单击 C(1) 选中之，双击左上角的旋转按钮，如图 2.69 所示。

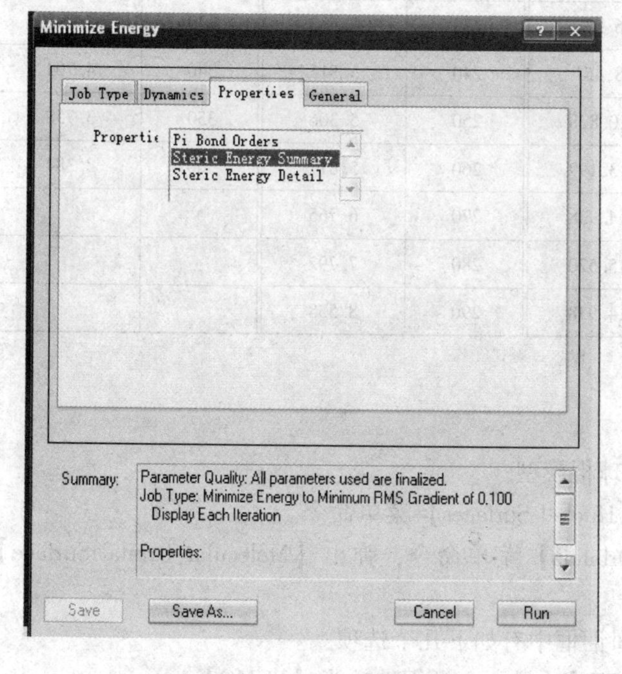

图 2.68　【MM】计算对话框

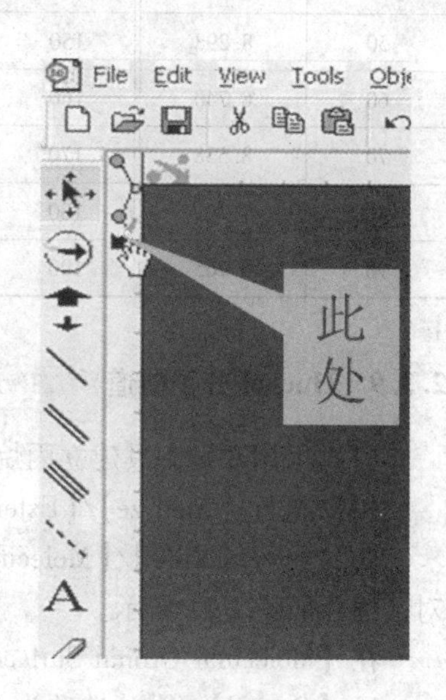

图 2.69　旋转按钮

（10）在弹出的【Rotate】输入框中输入旋转角“10”，如图 2.70 所示。

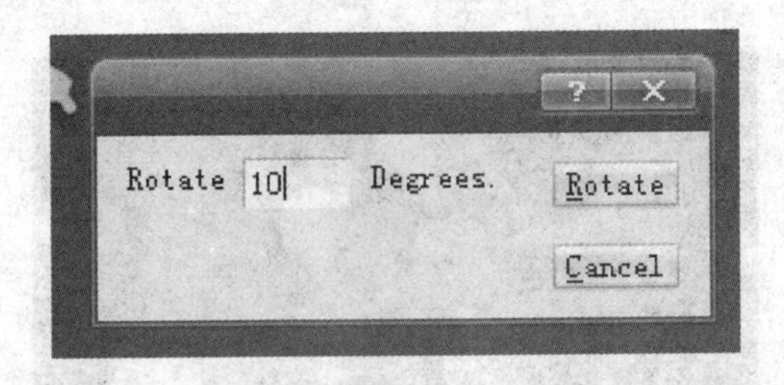

图 2.70 旋转角度对话框

（11）单击 Rotate 按钮，C(1) 顺时针转过 10°。

（12）重复执行步骤（6）~(11)，以 10 为增量计算势能直到 360°为止，记录所有角度和势能数据。

实际上只需要计算到 180°就可以了，因为之后的势能数据和前面的数据是对称分布的。最终得到旋转角度与势能的对照表，见表 2.1。

表 2.1 旋转角度与势能的对照表

旋转角 /(°)	势能 /kcal · mol^{-1}	旋转角 /(°)	势能 /kcal · mol^{-1}	旋转角 /(°)	势能 /kcal · mol^{-1}	旋转角 /(°)	势能 /kcal · mol^{-1}
0	3.382	100	5.817	200	13.199	300	8.740
10	3.707	110	5.306	210	10.828	310	8.297
20	4.616	120	5.515	220	8.451	320	7.298
30	5.991	130	6.538	230	6.538	330	5.991
40	7.298	140	8.451	240	5.515	340	4.704
50	8.298	150	10.828	250	5.306	350	3.758
60	8.740	160	13.199	260	5.817	360	3.384
70	8.538	170	14.938	270	6.765		
80	7.792	180	15.520	280	7.792		
90	6.765	190	14.938	290	8.538		

2.3.9 Huckel 分子轨道

（1）采用双键工具建立丙烷 3D 球棍模型。

（2）执行【Analyze】/【Extended Huckel Surfaces】菜单命令。

（3）执行【View】/【Molecular Orbitals】菜单命令，弹出【Molecular Orbital Surface】对话框，如图 2.71 所示。

在【Molecular Orbital Surface】对话框中有如下几个选项：

1）【Orbital】：默认选项为【HOMO】，另一个常用选项为【LUMO】。

2）【Surface Type】：这里有 4 个选项，即【Solid】、【Wire Mesk】、【Dots】和【Translucent】。默认选项为【Solid】，若想同时看到 3D 模型，可以选用【Translucent】。

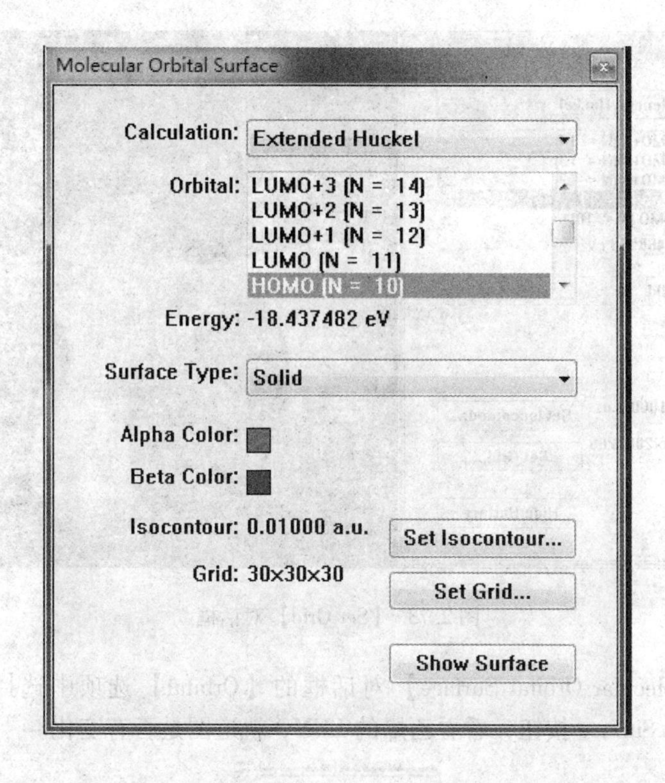

图 2.71 【Molecular Orbital Surface】对话框

3）Set Grid…按钮：Grid（栅格）默认值为“30”。单击此按钮弹出【Grid Setting】对话框，如图 2.72 所示。

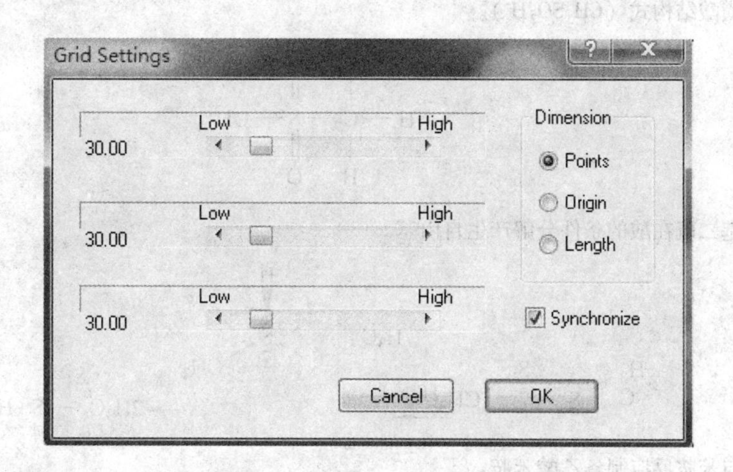

图 2.72 【Set Grid】对话框

拖动滑块改变 Grid 值。Grid 值越高，精度越高，运算量也就越大。

（4）单击 Set Grid…按钮，将 Grid 值高为“60”，单击 OK 按钮。

（5）单击 Show Surface 按钮，Chem3D 显示乙烯的 HOMO 轨道，如图 2.73 所示。

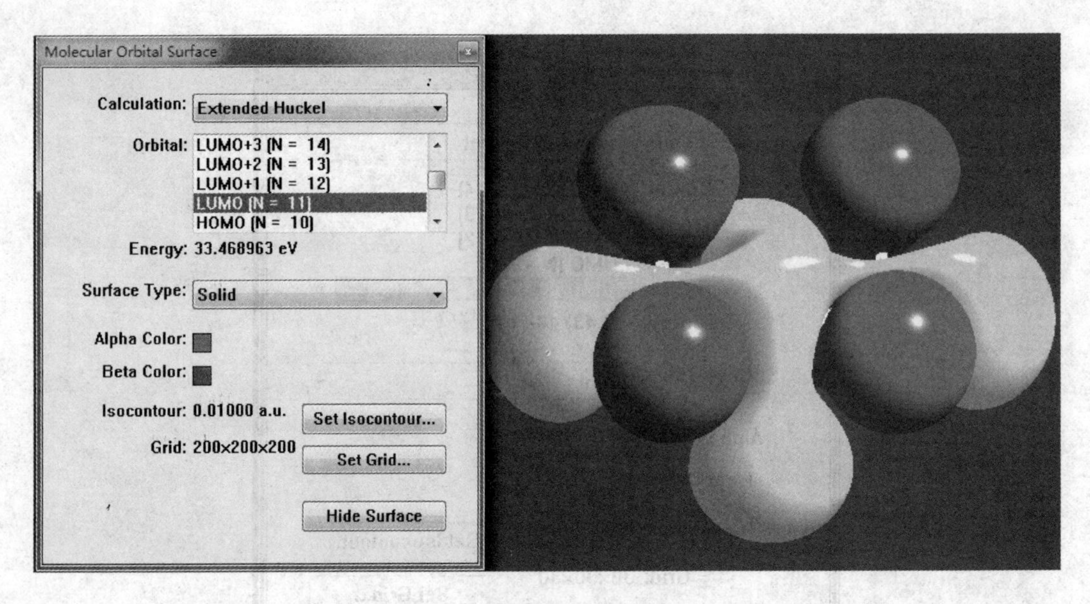

图 2.73 【Set Grid】对话框

（6）在【Molecular Orbital Surface】对话框的【Orbital】选项中选择【LUMO［N = 11］】，单击 Show Surface 按钮，看看乙烯的 LUMO 轨道图是否有变化。

习 题

2-1 用 ChemDraw 绘制以下分子结构式、结构反应方程式、实验装置图。

（1）甲基磺酸结构式（CH_3SO_3H）。

$$H-\underset{H}{\overset{H}{C}}-\underset{O}{\overset{O}{S}}-OH$$

（2）二甲基二硫在酸的条件分解产生自由基。

$$H_3C-S-S-CH_3 \; H^+ \longrightarrow H_3C-S-\overset{H}{S^{\oplus}}-CH_3 \longrightarrow 2H_3C-S+H^+$$

（3）乙酸与苯胺反应制备乙酸苯胺。

$$H-\underset{H}{\overset{H}{C}}-\underset{O}{C}-O-H + C_6H_5-\overset{H}{N}-H \longrightarrow H-\underset{H}{\overset{H}{C}}-\underset{O}{C}-\underset{H}{N}-C_6H_5 + H_2O$$

（4）苯甲醛和乙酸酐反应制备肉桂酸。

$$C_6H_5CHO + (CH_3CO)_2O \xrightarrow[\text{约 }140℃]{K_2CO_3(\text{无水})} C_6H_5CH{=}CH{-}COOH + CH_3COOH$$

肉桂酸

（5）蒸馏装置，如图 2.74 所示。

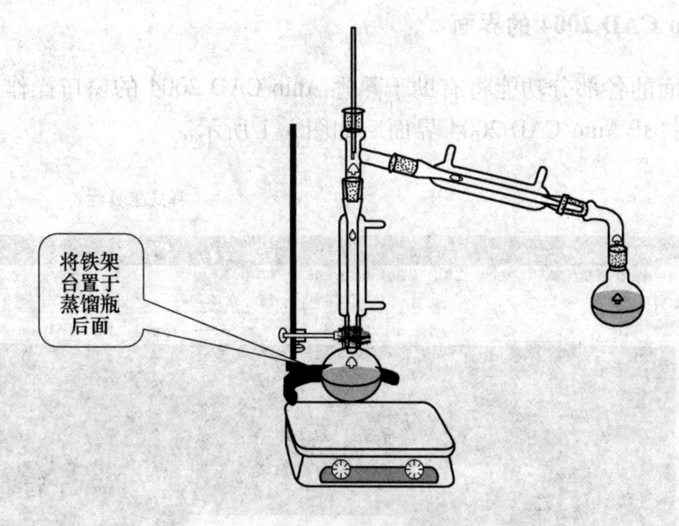

图 2.74　蒸馏装置

2-2　绘制有机化合物的立体模型。比如：丁烷的立体模型（注意：第四个碳原子上的一个氢原子被氧原子取代），要求：结构式中要求有杂原子（O、N、S、卤素等）。

2-3　绘制甲苯并计算分子体积。

3 Auto CAD 软件在化工中的应用

3.1 初涉 Auto CAD

3.1.1 Auto CAD 2004 的界面

了解界面的各部分功能将有助于熟悉 Auto CAD 2004 的窗口操作方式，使日后的操作更有效率。打开 Auto CAD 2004 界面后如图 3.1 所示。

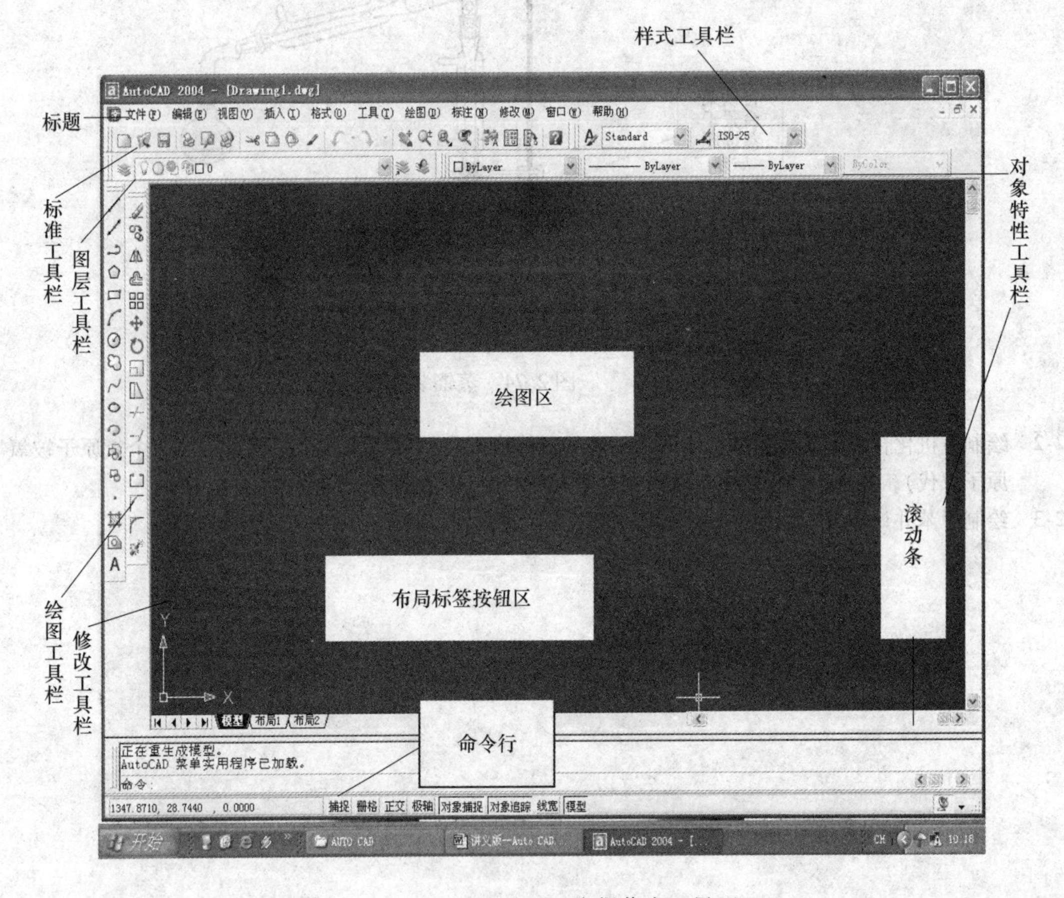

图 3.1 Auto CAD 2004 主操作窗口界面

3.1.2 状态栏

Auto CAD 2004 的状态栏与 Windows 系统的状态栏用途是相同的，都是用来显示当前操作状态。最左边的是坐标显示区，其右边的功能按钮意义也是 Auto CAD 2004 状态栏中的功能按钮，见表3.1。

表3.1 Auto CAD 2004 状态栏中的功能按钮

按钮名称	意　义
捕捉（SNAP）	表示网格点捕捉的开关显示
栅格（GRID）	表示网格点栅格的开关显示
正交（ORTHO）	表示正交模式的开关显示
极轴（POLAR）	表示极轴追踪模式的开关显示
对象捕捉（OSNAP）	表示对象捕捉的开关显示
对象跟踪（OTRACK）	表示对象追踪的开关显示
线宽（LWT）	开关线宽显示的功能按钮
模型（MODEL）	如同执行 MODEL，表示当前的空间是模型空间。如果此格显示的是图纸，那就表示当前位于图纸空间中

对上面按钮的内容设置方法：将鼠标移到按钮处，然后按“右键”，然后选择设置，这样就可对这些按钮的内容进行逐个设置。可以在 Auto CAD 2004 中逐个练习。

3.1.3 Auto CAD 2004 的功能键

使用功能键可以快速地达到某一功能，熟练掌握每个功能键，有助于效率的提高。

3.1.3.1　F1 键

按下此键相当于输入命令。其后所出现的窗口是标准的帮助窗口，其操作也和 Windows 的帮助相同。按此键与单击“帮助”(Help) 下拉式菜单里的“Auto CAD 帮助”以及在标准工具栏上单击图标效果 ? 是一样的。

3.1.3.2　F2 键

此键用于在 Auto CAD 的绘图屏幕和文字屏幕之间进行切换。所谓绘图屏幕就是现在操作的绘图区域，而文字屏幕是以窗口方式显示绘图操作过程的屏幕，可于此看到最近几次执行绘图命令的过程。F2 是一个切换键，即按一下 F2 键，弹出显示绘图操作过程的屏幕；再按一下 F2 键就又会回到绘图屏幕中。

3.1.3.3　F3 键

打开对象捕捉开关。

3.1.3.4　F4 键

数字化仪模式开关键，可开关数字化仪的规划模式。

要注意：此键不是用来打开或关闭数字化仪的，而是在用命令中的校正（CAL）项目欲设置描图功能时使用的。

3.1.3.5　F5 键

在绘制等轴侧图时，如果要在＜左等轴侧面＞、＜顶等轴侧面＞、＜右等轴侧面＞这三个等轴侧面各画出一个等轴侧面的圆，那么在这三个等轴侧面之间进行切换时使用此键。

3.1.3.6 F6 键

此键可以控制屏幕左下角坐标的显示。

打开它后，移动鼠标器或数字化仪上鼠标，可以看到坐标点随之变化。它也是一个切换键，按一下此键即打开坐标点显示，再按一下键就会锁定当前坐标状态（即坐标点不再随鼠标或数字化仪鼠标的移动而变化）。再按第二下键时，就会以极轴方式来显示当前十字鼠标所在位置。

3.1.3.7 F7 键

栅格显示开关键。

用来控制网格点的显示与否。栅格可以用来定位，但根据经验，它并不常用。可以用 GRID 命令来设置栅格距离。它也是一个切换键。即按一下打开，再按一下关闭。

注意切换时，位于屏幕底下状态栏上的栅格（GRID）按钮出现的下陷或凸起的变化。

3.1.3.8 F8 键

正交模式开关键。

当此功能模式被打开，由起点发出的线会垂直 X 轴或 Y 轴。这在作垂直线时很方便，它是绘图中很重要的一项功能。它也是一个功能键。即按一下打开，再按一下关闭。

注意切换时，位于屏幕底下状态栏上的正交（ORTHO）按钮出现的下陷或凸起的变化。

3.1.3.9 F9 键

栅格捕捉开关键。

打开此功能键，若移动鼠标，则其每次移动即为所设置的网格捕捉距离（默认的水平及垂直距离为0.5，可以使用命令来设置水平垂直距离）的整数倍。即每次鼠标坐标都落在网格上。若关闭此功能，则鼠标就可自由移动。它也是一个切换键。即按一下打开，再按一下关闭。

注意切换时，位于屏幕下端状态栏上的“捕捉”(SNAP) 按钮出现的下陷或凸起的变化。

3.1.3.10 F10 键

按下此功能键可激活极轴追踪功能。

打开此功能的目的是为了自动追踪欲绘制图形的角度坐标。极轴追踪（Polar Tracking）是自动追踪功能之一，这类功能用于在绘图中帮助快速了解所绘制图形的坐标资料。

3.1.3.11 F11 键

按此键可打开“启用对象捕捉追踪”(Object Snap Tracking on)。

打开此功能的目的是自动追踪与其他图形的相对捕捉关系。因此，使用对象追踪前，要先设置捕捉模式。

注意切换时，位于屏幕下端状态栏上的对象追踪（OTRACK）按钮出现的下陷或凸起的变化。

3.1.3.12 ↑键

于命令提示符后向上打开用过的命令或于窗口中向上移动亮条。

3.1.3.13 ↓键

于命令提示符后向下打开用过的命令或于窗口中向下移动亮条。

3.1.3.14 ←键

于命令提示符后将鼠标向左移动，可修改输入错误的地方或于窗口中向左移动亮条。

3.1.3.15 →键

于命令提示符后将鼠标向右移动，可修改输入错误的地方或于窗口中向右移动亮条。

3.1.3.16 PgUp 键

在有滚动条出现的窗口中让屏幕一次向上移动一页。

3.1.3.17 PgDn 键

在有滚动条出现的窗口中让屏幕一次向下移动一页。

3.1.3.18 Enter 键

需要完成已选择的功能项目或鼠标移动到顶点需要执行时按下此键。在 Auto CAD 2004 中，除了输入文字以外，按下空格键也相当于按下键。

3.1.3.19 Tab 键

此键可以在对话框中进行选择框的切换或切换捕捉目标。特别是在切换目标捕捉点时很有用。例如，用极轴进行捕捉目标时，被捕捉的目标都有一个标记，若不要这个标记目标，要重新捕捉，则可按下 Tab 键。

3.1.3.20 Ese 键

中断命令执行。

3.1.4 设置绘图环境

在进行绘图操作之前，应先对与绘图有关的一些选项进行设置，做好绘图前的准备工作，本节将对一些常用设置进行讲述。

3.1.4.1 改变绘图区颜色

Auto CAD 2004 默认的绘图区颜色为黑色，若不习惯黑色，可以按下面的步骤改为所需要的颜色：

(1) 在命令行输入“Options”命令或单击“工具”(Tool) 下拉式菜单里的“选项”(Options)，再单击“显示”(Display) 标签，打开其选项卡，对话框画面如图 3.2 所示。

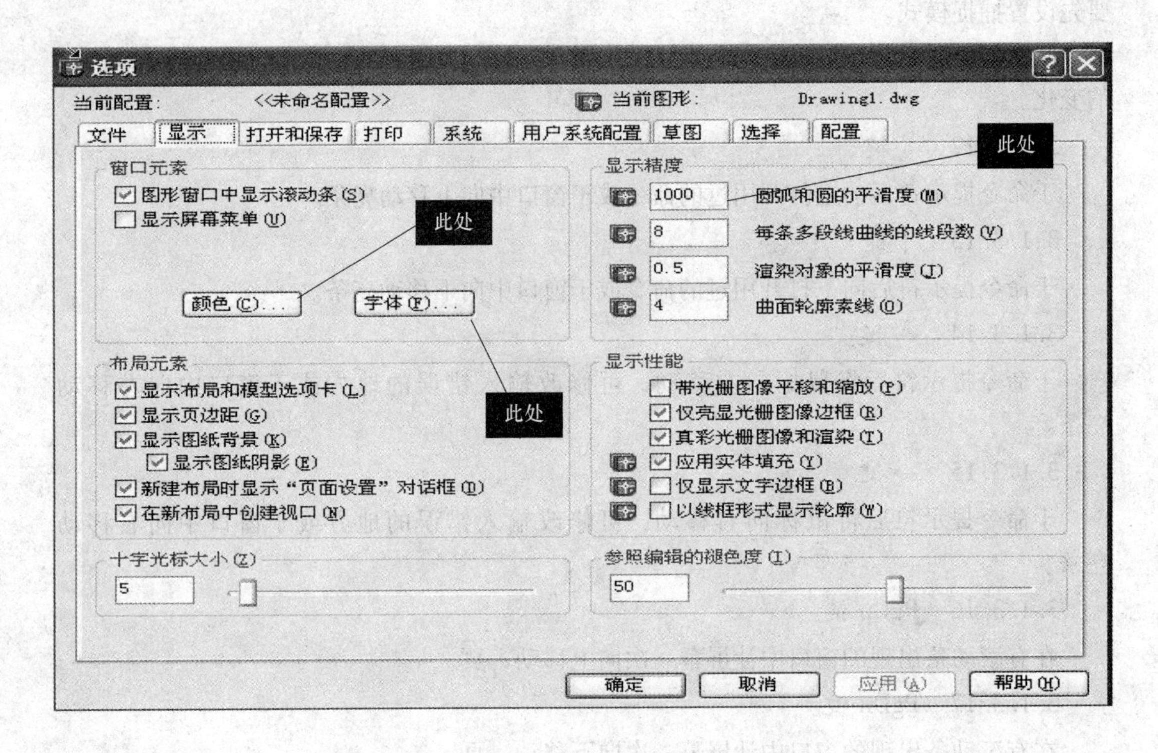

图 3.2 改变背景颜色的“选项”对话框

(2) 单击图中所标的“颜色”(Color) 按钮，在出现的对话框中选择你要的颜色。

(3) 单击图中所标的“字体”按钮，在出现的对话框中选择你要的字体类型，可以选择常用的宋体。

(4) 单击“应用并关闭”按钮返回前一对话框，再单击确定即可。

3.1.4.2 改变圆与弧的显示效果

在 Auto CAD 2004 中，为了加快显示速度，圆与弧都是以多边形的形式显示的，这就造成了显示效果的下降。如果要提高显示效果，同样可以在图中进行设置。

将图中所标圆弧和圆的平滑度的数值调高，此数值默认值为 1 ~ 20000。数值越大显示效果越好，但显示速度降低，所以应根据计算机的配置均衡两者的关系。

3.1.4.3 设置自动保存文件时间

这是不可忽略的一项设置，因为在绘图中间很可能发生意外停电或人为原因而使所做工作付之东流。但如果设置适当的自动保存时间就可有效地避免此类事件的发生，将损失降低到最低，此项设置按下述步骤完成：

(1) 在命令行输入“Options”命令或单击“工具”(Tool) 下拉式菜单里的“选项”(Options) 项目，打开选项对话框。

(2) 单击“打开和保存”(Open and Save) 标签，出现如图 3.3 所示画面。在图中所标处可以根据情况设置适当的自动保存时间和保存文件的扩展名。默认的保存位置为目录。

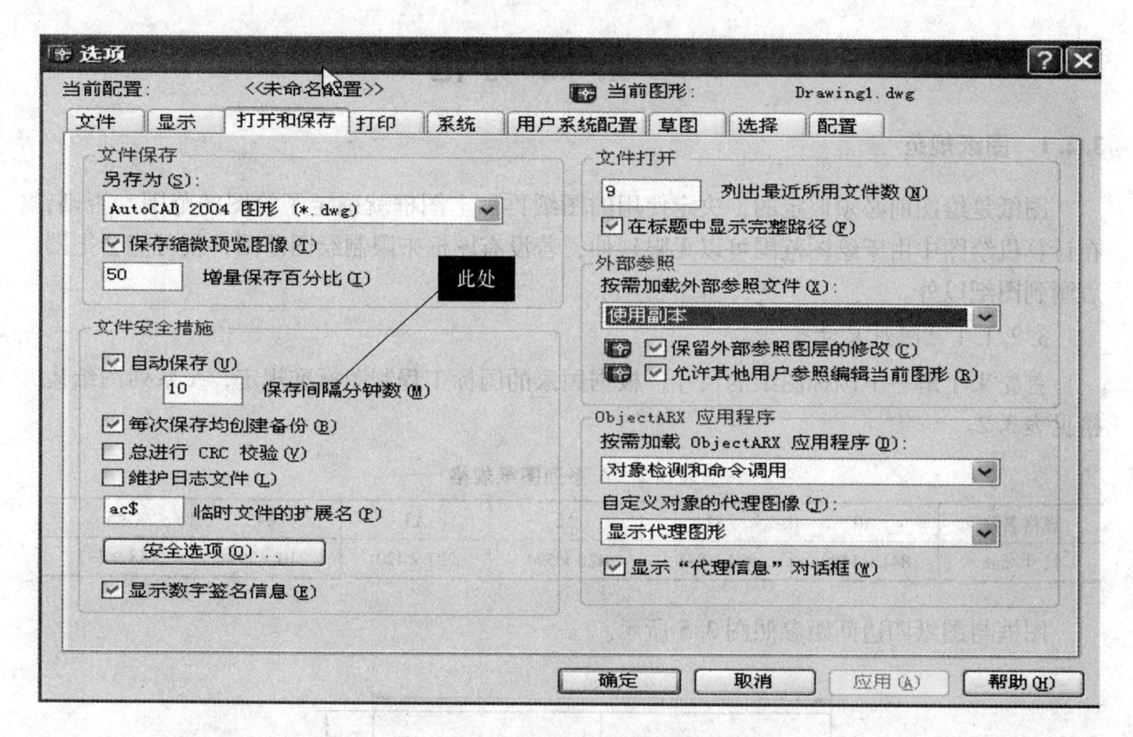

图 3.3　“选项”对话框——打开和保存

3.1.5　设置 Auto CAD 2004 的工具栏

在命令行输入“Toolbar”命令或单击“视图”（View）下拉式菜单里的“工具栏”（Toolbar）项目，设置工具栏对话框如图 3.4 所示。

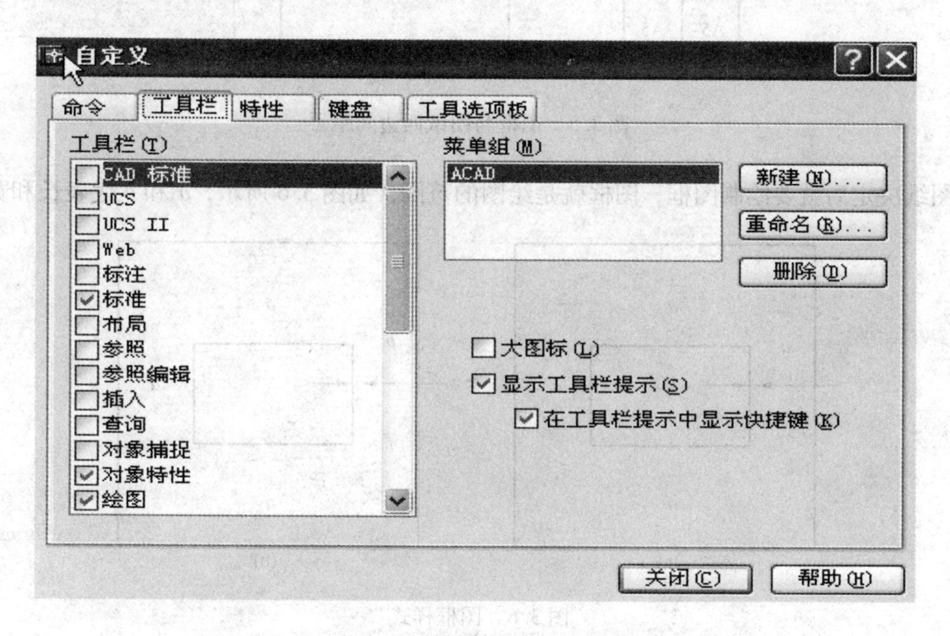

图 3.4　设置工具栏对话框

3.2 绘图规范

3.2.1 图纸规范

图纸是绘图前必须假定的，决定使用的图纸再加上图框就确定了绘图的范围。否则，在计算机绘图中由于绘图范围可以无限延伸，若没有图框来限制绘图范围，很可能会把图表画到图纸以外。

3.2.1.1 图纸尺寸

首先来了解一下国标图纸的尺寸，根据国家的国标工程制图标准规定，A 系列图纸规格见表 3.2。

表 3.2 A 系列图纸规格

规格名称	A0	A1	A2	A3	A4	A5
尺寸/mm	841 × 1189	594 × 841	420 × 594	297 × 420	210 × 297	148 × 297

图框与图纸四边间距参照图 3.5 所示。

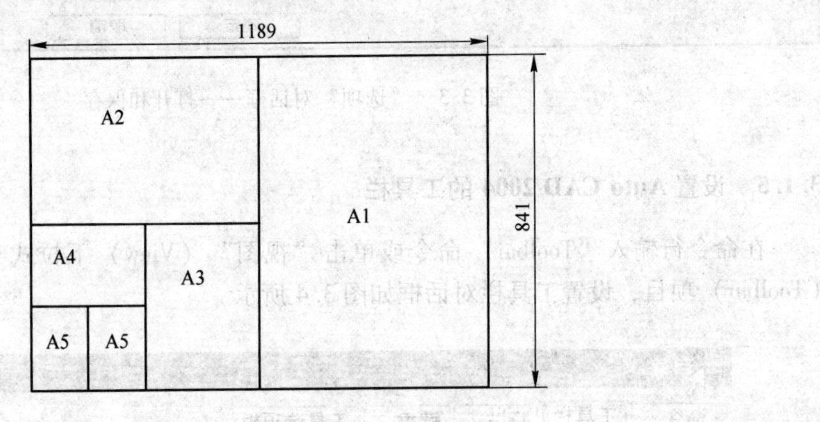

图 3.5 图框与图纸四边间距

图纸决定后就要绘制图框，图框就是绘图的范围，如图 3.6 所示，a 和 b 代表长和宽。

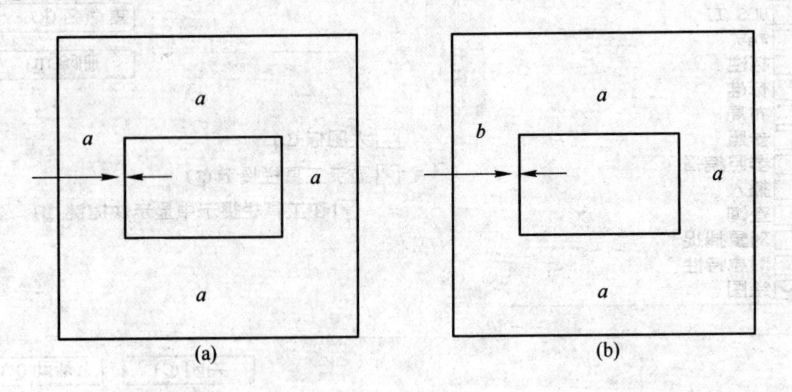

图 3.6 图框样式

(a) 不需要订时；(b) 需要订时

根据我国的国标工程制图标准规定，图3.6中图纸四边间距见表3.3。

表3.3 图纸四边间距

规格名称	A0	A1	A2	A3	A4	A5
a尺寸/mm	15	15	15	10	10	5
b尺寸/mm	25	25	25	25	25	25

3.2.1.2 标题栏尺寸标准

标题栏用来记录图纸信息。图纸信息包括设计人姓名、审核人姓名、图纸比例、设计单位、日期等内容。

标题栏也是有尺寸规定的，但不同的行业或单位有不同的规定。标准的标题栏尺寸与位置见表3.4和图3.7。

表3.4 标准标题栏尺寸

规格名称	A0、A1、A2、A3、A4	A5
标题栏尺寸（$c \times e$）/mm×mm	55×175	18×175

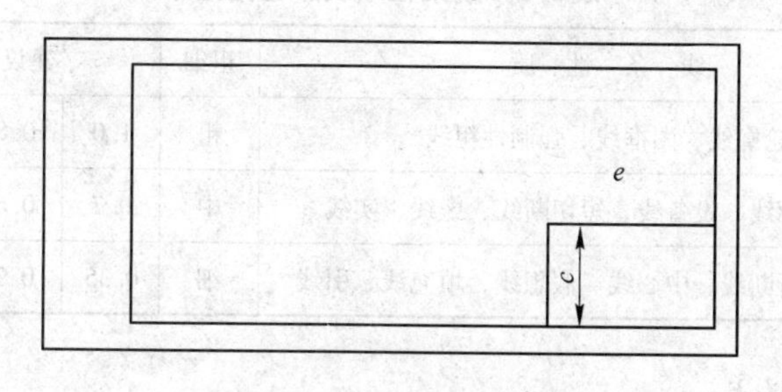

图3.7 标准的标题栏位置

标题栏的尺寸和内容虽然有标准，但并非强制，只要不影响绘图区的面积，可以自由更改或调整。常见的四种标题栏的格式还有：右下角标准式、底端横条式、右侧直条式。

3.2.1.3 图形样板文件

利用Auto CAD 2004绘制图纸，不必每次绘图前都绘制一个图框，因为Auto CAD 2004可以提供用户使用图形样板文件。下面讲述如何制作此类文件。绘制图形样板文件的步骤如下：

（1）在Auto CAD 2004中新建一个图形文件。

（2）将图框与标题栏绘出。

（3）画好后单击“文件”下拉式菜单里的“另存为”项目，打开“图形另存为”对话框。

（4）在Auto CAD 2004里，所有的图形样板文件都被放在文件夹下。图形样板文件的扩展名为“dwt”，在“图形另存为”对话框中单击“文件类型”下拉式菜单，选择Auto CAD图形样板（）项目，然后在“文件名”输入框输入图形样板文件的文件名，最后单击“保存”按钮即可完成建立图形样板文件。

如果是第一次建立，则会出现“样板说明”所示画面。可在“样板说明”对话框的“说明”区中键入图形样板文件的有关说明，再单击“确定”按钮即可。

3.2.2 线条粗细规范

一张图上的线条是粗细不同的，在手工绘图中绘制不同粗细的线条需要不同的笔。在 Auto CAD 2004 中并不是在绘图过程中直接画出不同粗细的线条，而是在打印输出前，通过规定线条的颜色来输出不同粗细的线条。

按照 GB－3－B 1001 的规定，即有关计算机绘图方面的特性，线条粗细与颜色的搭配可参考其他一些 Auto CAD 的设计书籍。

3.2.3 线型规范

线型规范是制图学里的基本规范之一。绘制图纸必须要了解不同线型的不同用途和表示。

3.2.3.1 国标的线型规范

国标的线型规范可参考表 3.5。

表 3.5 线条粗细及颜色搭配

线条颜色	线 条 性 质	粗细	建议线条粗细搭配组合				
黑色	轮廓线、图框线、强制性粗线	粗	1.0	0.8	0.7	0.6	0.5
红色	隐藏轮廓线、设备线、短切断线、虚线、实线	中	0.7	0.6	0.5	0.4	0.35
桃红色	尺寸线、折断线、中心线、假想线、填充线、引线	细	0.35	0.3	0.25	0.2	0.18

3.2.3.2 线型样式

线型样式可参考一些设计书籍中的规定。

3.2.4 单位规范

Auto CAD 2004 中的图形单位可以代表用户想要其代表的任何实际单位。屏幕上的一个图形单位可以代表 1mm、1cm 或 1m 等，在这里，设定的线条是选择合适的测量方式（即单位进制）和合适的精度。

在命令行输入“Units”命令或单击“格式”(Format) 下拉式菜单里的“单位”(Units) 项目，出现如图 3.8 所示画面。

在此对话框中可设置常用的单位格式和小数点精度。

在此对话框中单击“方向”按钮将出现“方向控制”对话框，此对话框可用来设置有关方位，一般按默认设置即可。

3.2.5 文字样式规范

文字的字体与字高在工程图中也是有规范的：一般来说，文字必须从左到右书写，而基本字高的范围分别是 2.5mm、3.5mm、5mm、7mm、10mm、14mm 以及 20mm。

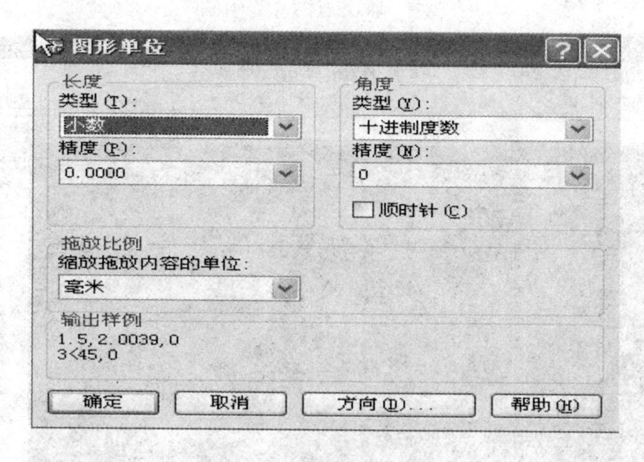

图 3.8 图形单位对话框

按照 GB－3－B 1001 标准的最小字号可参考表 3.6。

表 3.6 最小字号参考

使用单位	所使用的图纸大小	建议最小字号		
		中文字	英文字	数 字
标题图号	A0、A1、A2、A3	7	7	7
	A4、A5	5	5	5
尺寸注解	A0	5	3.5	3.5
	A1、A2、A3、A4、A5	3.5	2.5	2.5

3.3 平 面 绘 图

3.3.1 Auto CAD 2004 的主要工具栏

将“标注工具栏”和“项目详细内容（特性）”拉到主操作窗口界面的右边。

设置“标注工具栏”的方法：在“视图”菜单中选择“工具栏”，将“标注”项打“√”。

设置“项目详细内容”的方法：只要双击绘图区里面的任何内容，都可以在右边添加该项的详细内容。Auto CAD 2004 主窗口新增界面如图 3.9 所示。

3.3.2 绘图命令

3.3.2.1 画点命令

命令位置：

（1）下拉菜单：“绘图”—“点”—“单点”或“多点”。

（2）在工具栏上直接点击“点”命令图标。

（3）命令格式：命令 point。

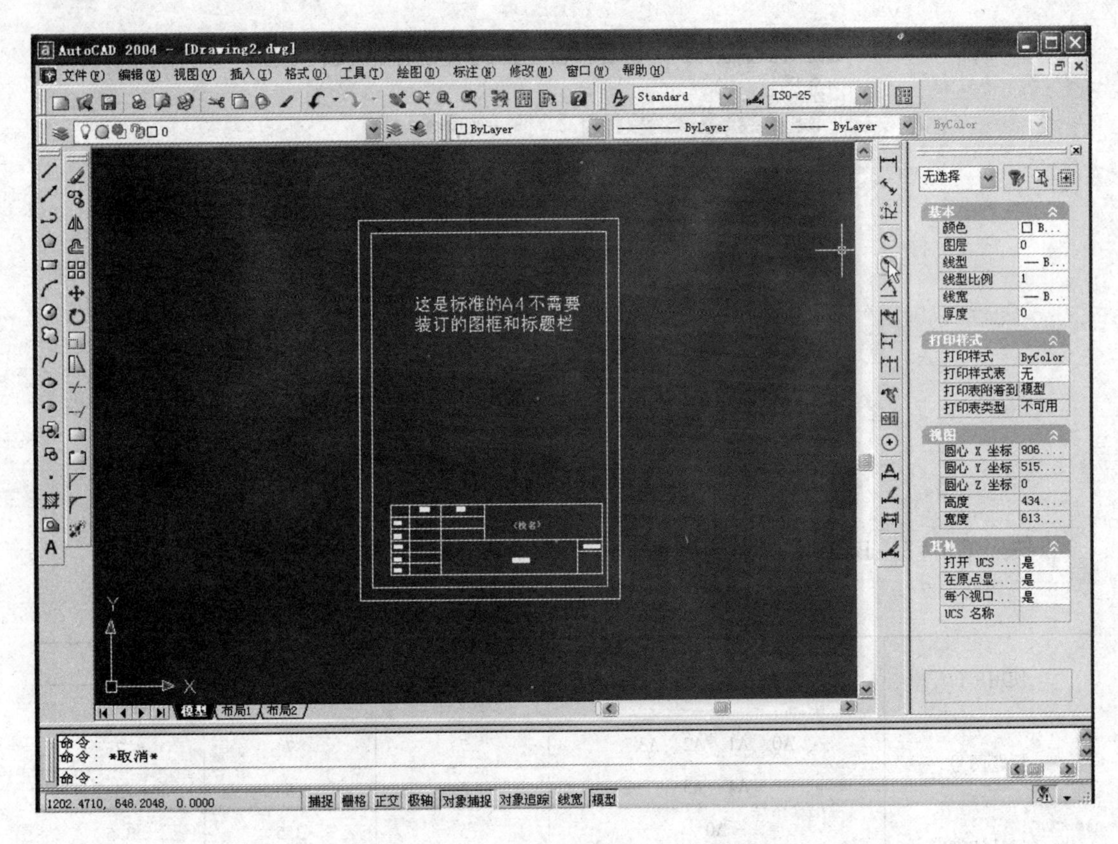

图 3.9　Auto CAD 2004 主窗口新增界面

注意：

（1）对点样式进行修改，可以选中该点，然后在“格式”菜单中选择“点样式”，这样可以选择你要的点的样式。

（2）可以用下述中任意方法输入点的坐标：

1）绝对坐标：x，y；例如：10，20。

2）相对坐标：@X 差量，Y 差量；例如：@10，20。

3）极坐标：@距离<角度；例如：@10<20。

3.3.2.2　直线命令

（1）下拉菜单：“绘图”—“直线”。

（2）在工具栏上直接点击“直线”命令图标。

（3）命令格式：命令 Line（直接输入 L）。

3.3.2.3　多段线命令

功能：用来绘制多条首尾相连的直线或弧，在编辑时这些线段被当作同一对象处理。

命令位置：

（1）下拉菜单：“绘图”—“多段线”。

（2）在工具栏上直接点击命令：。

（3）命令格式：命令 pline。

3.3.2.4 多线命令

功能：用于一次画出平行线。

命令位置：

（1）下拉菜单："绘图"—"多线"。

（2）在 2004 中的工具栏上没有这个命令的图标。

（3）命令格式：命令 Mline。

对多样线的设置可以在命令行中输入："MLstyle" 或者单击 "格式" 菜单中的 "多线样式" 项目，即可出现下面的对话框。多线样式设置对话框如图 3.10 所示。

图 3.10 多线样式设置对话框

3.3.2.5 样条曲线命令

命令位置：

（1）下拉菜单："绘图"—"样条曲线"。

（2）在工具栏上直接点击 "样条曲线" 命令。

（3）命令格式：命令 SPline。

3.3.2.6 构造线命令

功能：用于画双向无限延伸的辅助线。

命令位置：

（1）下拉菜单："绘图"—"构造线"。

（2）在工具栏上直接点击命令： 图标。

（3）命令格式：命令 Xline。

3.3.2.7 射线命令

功能：单方向画出无限延伸的辅助线。

命令位置：

(1) 下拉菜单："绘图"—"射线"。

(2) 在2004中的工具栏上没有"射线"命令图标。

(3) 命令格式：命令 Ray。

3.3.2.8 徒手画线命令

功能：绘制一些无规则的线条。

命令位置：

(1) 没有此项内容。

(2) 没有此项内容。

(3) 命令格式：命令 Sketch，然后再设定"增益"后就可直接画了。

3.3.2.9 圆命令

命令位置：

(1) 下拉菜单："绘图"—"圆"—"圆心、半径"，如图3.11所示。

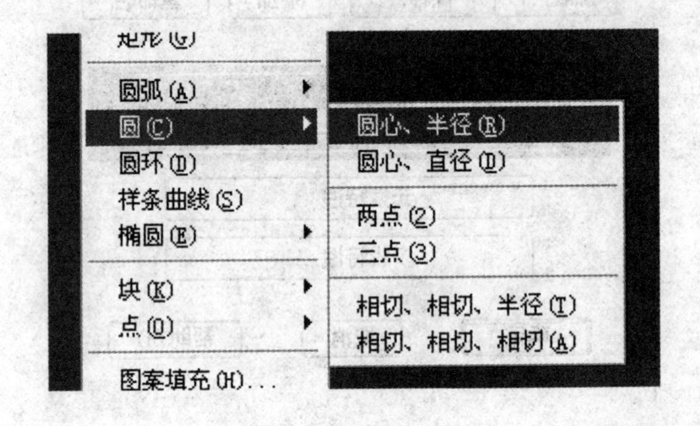

图3.11 下拉菜单(1)

(2) 在工具栏上直接点击"圆"命令图标。

(3) 命令格式：命令 Circle 或直接输入 C。

3.3.2.10 圆弧命令

命令位置：

(1) 下拉菜单："绘图"—"圆弧"，如图3.12所示。

(2) 在工具栏上直接点击"圆弧"命令图标。

(3) 命令格式：命令 Arc (A)。

3.3.2.11 椭圆命令

命令位置：

(1) 下拉菜单："绘图"—"椭圆"—"中心点"或"轴、断点"。

(2) 在工具栏上直接点击"椭圆"命令图标。

(3) 命令格式：命令 Ellipse。

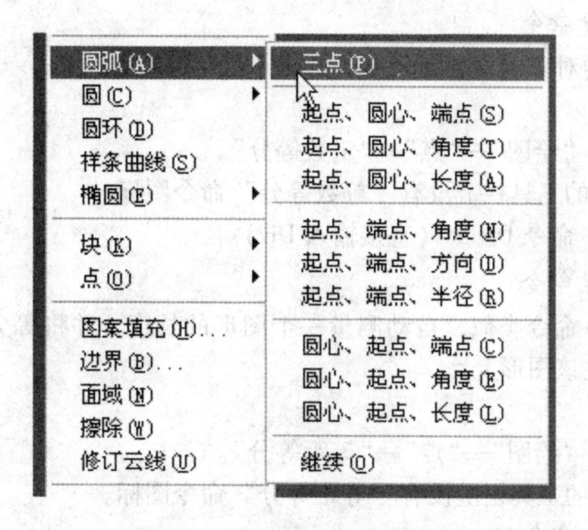

图 3.12 下拉菜单（2）

3.3.2.12 椭圆弧命令

命令位置：

（1）下拉菜单："绘图"—"椭圆"—"椭圆弧"。

（2）在工具栏上直接点击"椭圆弧"命令图标。

（3）命令格式：命令 Ellipse。

3.3.2.13 矩形命令

命令位置：

（1）下拉菜单："绘图"—"矩形"。

（2）在工具栏上直接点击"矩形"命令图标。

（3）命令格式：命令 Rectang（直接输入 Rec）。

注意：可以画正方形，方法是：只要在输入矩形命令，寻找到第一个点后，再寻找另一个角点是用相对坐标命令输入另外一个点（@20，20），可得到边长为 20 的正方形。

3.3.2.14 正多边形命令

功能：绘制 3－1024 边数的正多边形。

命令位置：

（1）下拉菜单："绘图"—"正多边形"。

（2）在工具栏上直接点击"正多边形"命令图标。

（3）命令格式：命令 Polygon（或直接输入 Pol）。

3.3.2.15 圆环命令

命令位置：

（1）下拉菜单："绘图"—"圆环"。

（2）在 2004 中的工具栏上没有"圆环"命令图标。

（3）命令格式：命令 Donut（可直接输入 Do）。

3.3.2.16 等分命令

功能：在指定的对象上绘制等分点或在等分点处插入块。

命令位置：

(1) 下拉菜单："绘图"—"点"—"定数等分"。

(2) 在2004中的工具栏上没有"等数等分"命令图标。

(3) 命令格式：命令 Divide（直接输入 Div）。

3.3.2.17 测量命令

功能：与Divide命令类似，自动测量一个图形的长度，并将等分点或块按所指定的距离间隔等距显示在该图形上。

命令位置：

(1) 下拉菜单："绘图"—"点"—"等距等分"。

(2) 在2004中的工具栏上没有"等距等分"命令图标。

(3) 命令格式：命令 Measure。

3.3.2.18 命令格式与说明

A 命令格式

命令：Measure。

选择要定距等分的对象。

指定线段长度或［块（B）］。

B 说明

(1) 在"指定线段长度或［块（B）］:"的提示下可直接输入测量长度数量，也可以直接输入一点。此时，Auto CAD 提示再输入第二点，然后 Auto CAD 自动将该两点之间的距离作为测量距离来绘制测量点。

(2) 在"指定线段长度或［块（B）］:"的提示后键入B，则可在每个分点处插入块。

3.3.2.19 图案填充命令

命令位置：

(1) 下拉菜单：［绘图］/［图案填充］。

(2) 修改工具栏：图案填充按钮图标。

(3) 命令行：Bhatck（可直接输入 Bh）。

3.3.3 修改命令

3.3.3.1 删除命令（Erase）

命令位置：

(1) 下拉菜单：［修改］/［删除］。

(2) 修改工具栏：删除按钮图标。

(3) 命令行：Erase（可直接输入 E）或者直接由鼠标选取，然后按 Delete 键删除。

3.3.3.2 复制命令

命令位置：

(1) 下拉菜单：［修改］/［复制］。

（2）修改工具栏：复制按钮图标。

（3）命令行：Copy（可直接输入 Co）。

3.3.3.3 镜像命令

命令位置：

（1）下拉菜单：[修改]/[镜像]。

（2）修改工具栏：镜像按钮图标。

（3）命令行：Mirror（可直接输入 M）。

3.3.3.4 阵列命令

命令位置：

（1）下拉菜单：[修改]/[阵列]。

（2）修改工具栏：阵列按钮图标。

（3）命令行：Array（可直接输入 Ar）。

3.3.3.5 偏移命令

命令位置：

（1）下拉菜单：[修改]/[偏移]。

（2）修改工具栏：偏移按钮图标。

（3）命令行：Offset（可直接输入 O）。

3.3.3.6 移动命令

命令位置：

（1）下拉菜单：[修改]/[移动]。

（2）修改工具栏：移动按钮图标。

（3）命令行：Move（可直接输入 M）。

3.3.3.7 旋转命令

命令位置：

（1）下拉菜单：[修改]/[旋转]。

（2）修改工具栏：旋转按钮图标。

（3）命令行：Rotate（可直接输入 Ro）。

3.3.3.8 缩放命令

命令位置：

（1）下拉菜单：[修改]/[缩放]。

（2）修改工具栏：缩放按钮图标。

（3）命令行：Scale（可直接输入 Sc）。

3.3.3.9 拉伸命令

命令位置：

（1）下拉菜单：[修改]/[拉伸]。

（2）修改工具栏：拉伸按钮图标。

（3）命令行：Stretch。

3.3.3.10 延伸命令

命令位置:

(1) 下拉菜单:[修改]/[延伸]。

(2) 修改工具栏:延伸按钮图标。

(3) 命令行:Extent(可直接输入Ex)。

3.3.3.11 修剪命令

命令位置:

(1) 下拉菜单:[修改]/[修剪]。

(2) 修改工具栏:修剪按钮图标。

(3) 命令行:Trim(可直接输入Tr)。

3.3.3.12 打断命令

命令位置:

(1) 下拉菜单:[修改]/[打断]。

(2) 修改工具栏:打断按钮图标 。

(3) 命令行:Break(可直接输入Br)。

3.3.3.13 倒直角命令

倒直角方法:

(1) 先输入命令Chamfer,或者点击修改工具栏上的倒直角按钮图标。

(2) 选"距离D"项,设置第一个倒角距离,然后设置第二个倒角距离,回车。

(3) 选中要倒角的第一条直线,接着选中第二条,即可在这两条直线之间倒出角。

3.3.3.14 倒圆角命令

倒圆角方法:

(1) 先输入命令Fillet,或者点击修改工具栏上的倒圆角按钮图标。

(2) 选"半径R"项,回车。

(3) 选中要倒角的第一条直线,接着选中第二条,即可在这两条直线之间倒出圆角。

注意:如果是多边形倒角,可以将它们炸开后再进行,也可以直接进行倒角。

3.3.3.15 分解命令

命令位置:

(1) 下拉菜单:[修改]/[分解]。

(2) 修改工具栏:分解按钮图标。

(3) 命令行:Explode。

3.3.3.16 特性匹配命令

命令功能:

可以把一个实体的属性复制给另一个或一组实体,使这些实体的某些属性或全部属性与原实体相同。如颜色(Color)、图层(Layer)、线型(Linetype)、线型比例(Linetype Scale)、打印样式(Polt Style)、线宽(Line Width)、文字(Text)和厚度(Thickness)

等属性皆可被复制。就像 WORD 中经常用的“格式刷”。

命令位置：

(1) 下拉菜单：[修改]/[特性匹配]。

(2) 常用工具栏：按钮图标 。

(3) 命令行：Matchprop（可直接输入 Ma）。

注意：首先输入命令，然后选择源对象，然后在命令栏中的“选择目标对象或 [设置（S）]：”的提示后键入 S，将弹出如图 3.13 所示对话框。

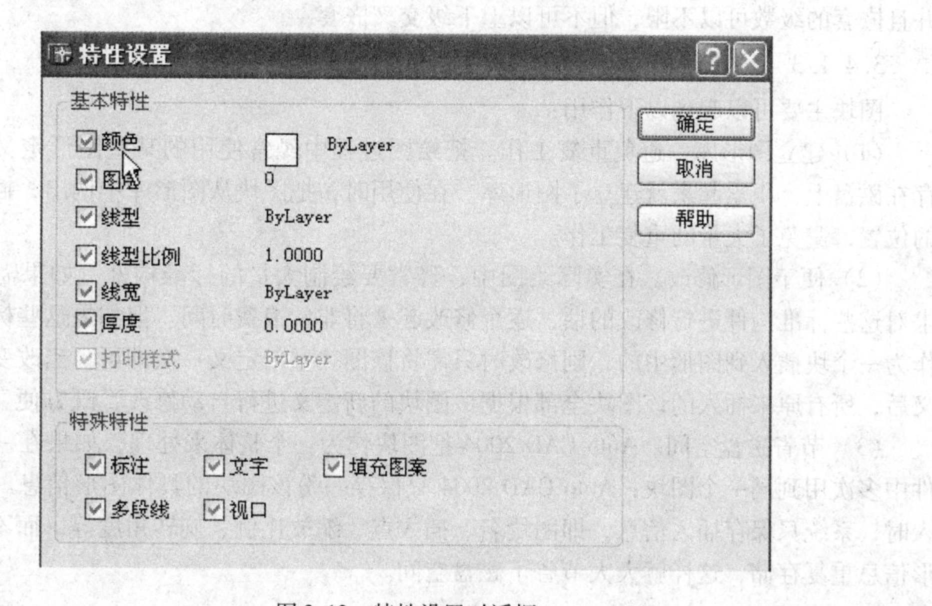

图 3.13 特性设置对话框

在该对话框中，有许多复选框，用户只要将需要的对象打“√”即可。

3.4 块及块的属性

Auto CAD 2004 绘图中经常使用的一种绘图功能，能高效率地完成一些重复或相似图形的绘制。本节将详细讲述这部分内容，即块的功能。

3.4.1 块的概述

在使用 Auto CAD 2004 绘图时，常常需要重复使用一些图形。如果每个图形都重新绘制，就会浪费大量的时间，同时还会浪费很大的存储空间。而把这些图形定义为一个整体，插入到图形中不同的位置，既节省了绘图的时间，又节省了存储空间，Auto CAD 2004 的块就可以实现这些功能。

3.4.1.1 块的概念

块是多个图形对象按确定的位置关系组合在一起，并作为一个整体使用的实体的集合。一个单位的实体也可以定义为块。块既可以包含图形，也可以包含文本，块中的文本称为属性。

3.4.1.2 块的特性

图块具有以下特性：

(1) 块以块名来标识，一旦一组实体组合成块，这组实体就被赋予一个块名，用户可以借助块名将块插入到图形中的任意位置。在进行块插入时，还可以任意指定插入点、比例因子和旋转角，具有整体性。

(2) 组成块的各个对象可以有自己的图层、颜色和线型。

(3) 一个图块中可以包含有别的图块，称为嵌套。上一级块中可以包含下一级块，并且嵌套的级数可以不限，但不可以上下级交叉嵌套。

3.4.1.3 块的作用

图块主要可以起到以下作用：

(1) 建立图形库，避免重复工作。把绘图过程中经常使用的某些图形定义为块，保存在磁盘上，积累起来就建立了图形库。在使用时，把图块从图形库中调出，插入到需要的位置，避免了大量的重复工作。

(2) 便于图形修改。在实际绘图中，经常要绘制大量的标准构件，如果需要根据要求对这些标准构件进行修改的话，逐个修改起来将非常浪费时间。但如果这些标准构件是作为一个块插入到图形中的，则修改时只需将该图块重新定义一次即可。当改变了图块定义后，所有原来插入的该图块全部根据该图块的新定义进行自动修改，既方便又有效率。

(3) 节省磁盘空间。Auto CAD 2004 把图块作为一个整体来处理，如果在一个图形文件中多次用到同一个图块，Auto CAD 2004 只保存一份该图块的具体图形信息。在多次插入时，系统只保存插入信息，即图块名、插入点、缩放比例、旋转角度等，而不需要把图形信息重复存储，这样就大大节省了磁盘空间。

3.4.2 定义块

定义块就是选择一个或一组图形对象组成图块，并确定图块的插入基点和图块名称。定义图块可以通过在命令行输入命令和在对话框进行设置两种方式，用户可以根据自己的习惯选择其中任何一种方式。

3.4.2.1 在命令行输入命令定义块

A 命令格式

命令：Block。

输入块名或 [?]。

指定插入基点。

选择对象：(选择建块的图形)。

选择对象：(继续选择或回车结束)。

B 说明

(1) “输入块名或 [?]:”的提示后输入的块名如果在当前的图形文件中已经存在，则 Auto CAD 2004 会提示用户块名已存在，是否对它重新定义。

(2) Auto CAD 2004 规定，块名最多由 255 个字符组成，可包括字母、数字和特殊字符等。

(3) 块定义完成后，所选择的建块实体将在屏幕上消失，若想在屏幕上恢复原实体，可以利用命令。执行完命令之后，原实体被恢复显示在屏幕上，但先前执行的块定义依然有效。

（4）块的插入基点可以根据需要进行选择，一般选择在实体上的某个特殊点，如几何中心点、顶点等。

3.4.2.2　用对话框定义块

A　命令位置

（1）下拉菜单：[绘图][块][创建]。

（2）绘图工具栏。

（3）命令行：Block 或 Bmake（可直接输入 B）。

B　对话框设置

在命令输入后，Auto CAD 2004 弹出如图 3.14 所示“块定义”对话框。

图 3.14　块定义对话框

该对话框各项设置如下：

（1）“名称”文本框：输入定义的块名。

（2）“基点”区：确定图块的插入基点。“拾取点”（）按钮：单击该按钮，对话框暂时消失，返回绘图屏幕。用户可以在绘图屏幕上用鼠标选取插入基点，或在命令行输入基点坐标。选点完毕后会自动返回对话框。

“X”文本框：确定插入基点的 X 坐标。

“Y”文本框：确定插入基点的 Y 坐标。

“Z”文本框：确定插入基点的 Z 坐标。

（3）“对象”（）区：确定组成块的实体。

1）“选择对象”（）按钮：单击该按钮，对话框暂时消失，返回绘图屏幕。用户可以在绘图屏幕上用鼠标选取图形，选取完毕后，单击右键或回车键返回对话框。

2）“保留”（）单选框：选择该单选框，则定义图块后，原图形依然保留在屏幕上。

3）“转换为块”( ) 单选框：选择该单选框，则定义图块后，原图形转换为块并保留在屏幕上原来的位置。

4）“删除”( ) 单选框：选择单选框，则定义图块后，原图形从屏幕上消失。

5）“预览图标”( ) 区：确定在块定义中是否创建块的预览图标，该图标由块图形生成。

6）“不包括图标”( ) 单选框：选择该单选框，则在块定义中不创建预览图标。

7）“从块的几何图形创建图标”( ) 单选框：选择该单选框，则在块定义中将以块的形状为参照创建预览图标。

8）“拖放单位”( ) 下拉列表：确定从 Auto CAD 2004 设计中心拖拽块插入时的比例单位。单击下拉箭头，弹出下拉列表框，其中有各种单位供选择。

9）“说明”( ) 文本框：输入所定义图块的文字描述。

实例：建立一个粗糙度的块。

第一步：绘制图形。

第二步：执行创建块的命令。

第三步：Auto CAD 2004 弹出“块定义”( ) 对话框，在“名称”( ) 文本框中输入定义的块名“A”。

第四步：单击“拾取点”( ) 按钮，打开对象捕捉功能，在绘图屏幕上用鼠标选取插入基点，返回对话框。

第五步：单击“选择对象”( ) 按钮，在绘图屏幕上用窗口选择功能选取图形，完成后单击右键返回对话框。

第六步：最后单击确定，完成块的定义。这样就定义了一个名为“A”的图标。

3.4.3 插入块

块定义好以后，就可以插入到图形中需要的位置。插入块的方法有三种：命令插入、对话框插入、阵列插入。

3.4.3.1 用命令插入块

A 命令位置

命令行：Insert。

B 命令格式

命令：Insert。

输入块名 [?]：输入插入的块名。

(1) 指定插入点或 [比例 (S)/X/Y/Z/旋转 (R)/预览比例 ( )////预览旋转 ( )]：( ) 输入 X 比例因子，指定对角点]，或者 [角点 (C)/] <1>：( )。

(2) 输入 Y 比例因子或 <使用 X 比例因子>：( )。

(3) 指定旋转角度：( )。

3.4.3.2 用对话框插入块

A 命令位置

(1) 下拉菜单：[插入][块]。

(2) 绘图工具栏。

(3) 命令行：Insert（可直接输入I）。

B 对话框设置

在命令输入后，Auto CAD 弹出如图3.15所示“插入”() 对话框。

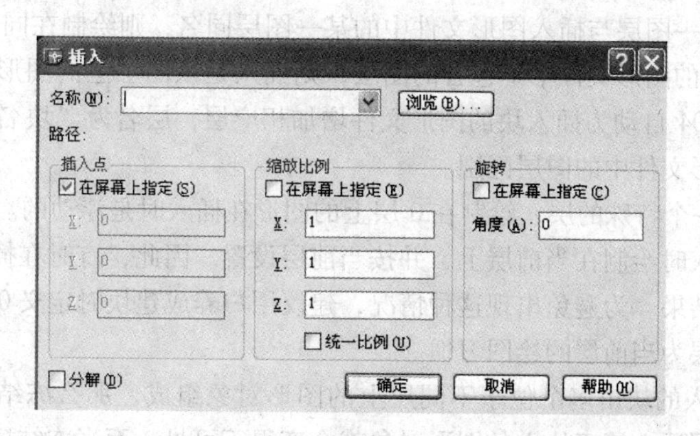

图3.15 插入对话框

该对话框各项设置如下：

(1)“名称”() 文本框：输入要插入的块名。

(2)“浏览”() 按钮：单击该按钮，弹出“选择图形文件”() 对话框，找到其他的块文件。在该对话框中指定要插入的块或图形文件的路径和文件名，打开选中文件后会自动返回“插入”() 对话框。此时，刚才指定的文件名和路径分别显示在“名称”() 文本框和其下面的“路径”() 中。单击此按钮一般用来将图形文件作为块插入到当前图形中。

(3)“插入点”() 区：确定块的插入点。

1）“在屏幕上指定”() 复选框：选中该复选框，则可以在设置完其他项目，退出该对话框后，在作图屏幕上用鼠标选取插入点。

2）“X、Y、Z”文本框：直接输入X、Y、Z三方向的坐标来指定插入点。

3）Auto CAD 用系统变量保存插入点的默认值，用户可以在命令行键入来修改系统变量，指定新的默认插入点。

4）“缩放比例”() 区：确定插入块的比例因子。

第一，“在屏幕上指定”() 复选框：选中该复选框，则可以在设置完其他项目，退出该对话框后，在命令行确定比例因子。

第二，“X、Y、Z”文本框：直接输入插入块在X、Y、Z三方向上的比例因子。

第三，“统一比例”() 复选框：选中该复选框，则只需输入X方向一个比例因子即可，Y和Z方向的比例因子会等于X方向比例因子。

5）“旋转”() 区：确定插入块的旋转角度。

第一，“在屏幕上指定”() 复选框：选中该复选框，则可以在设置完其他项目，退出该对话框后，在命令行确定旋转角度。

第二，“角度”() 文本框：直接输入插入块的旋转角度。

6）“分解”() 复选框：选中该复选框，则相当于在执行块插入后又执行了一次命令。选中该复选框将插入的块分解为各自独立的图形对象时，分解的块的X、Y、Z比例因子必须相同。

3.4.3.3 关于块插入的几点说明

（1）块插入后，原来在某层的图形还继续画在相应的层上。

1）若块中某一图层与插入图形文件中的某一图层同名，则绘制在同名层上。

2）若插入块的图形文件中不包含的图层，则插入是该图层上的图形还在原图层上绘制，Auto CAD 2004 自动为插入块的图形文件增加相应层，层名为“块名！块中层名”的形式，以便与图形文件中的图层区别。

（2）0 层是一个特殊的层，绘制在 0 层上的图形在插入时是浮动的。即定义块时 0 层上的图形，在插入时绘制在当前层上，并按当前层设置。因此，有时在插入块时，往往出现了意想不到的结果。为避免出现这种情况，建议用户养成建块时定义 0 层为当前层，块插入时也定义 0 层为当前层的绘图习惯。

（3）如果插入的块由多个位于不同层上的图形对象组成，那么冻结某一图形对象所在的图层后，此图层上属于块上的图形对象就会变得不可见。而当冻结插入块时的当前层时，不管块中各图形对象处于哪一层，整个块都变得不可见。

3.4.4 将块保存为单独的图形文件

当用户定义块时，只是针对当前图形文件。即所定义的块只能被当前图形文件所应用，若要使该图形能被其他文件插入，则必须再把所定义的图形保存为单独的图形文件。

用命令可以把当前图形文件中的图块以独立图形文件的形式保存到磁盘上。命令也可以把当前图形文件中的一组对象作为独立图形文件的形式保存到磁盘上，而不用这组对象定义成块。同时任何一个图形文件也可以作为块插入。

在命令行执行“Wblock”命令后，弹出如图 3.16 所示“写块”( ) 对话框。

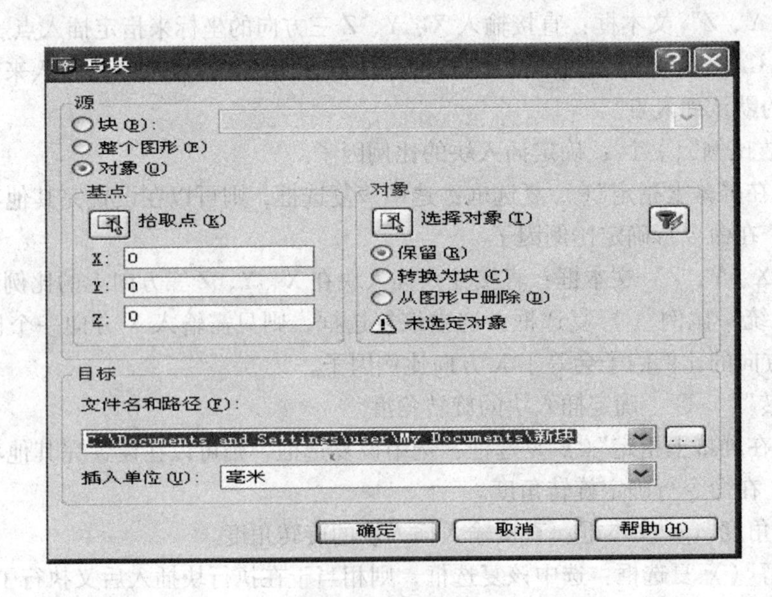

图 3.16 写块对话框

该对话框的各项设置如下：

（1）“源”( ) 区：确定要保存为图形文件的对象及其插入基点。

1）“块”( ) 单选框：选中该单选框，表示将块保存为图形文件，此时单击其右边的下拉箭头，打开下拉列表，从中选取要保存为图形文件的块名。

2）“整个图形”( ) 单选框：选中该单选框，表示把整个图形文件作为一个块保存为一个图形文件。

3）“对象”单选框：选中该单选框，表示把要选择的图形对象作为一个块保存为图形文件。选中该单选框后可激活下面两个区域：

①“基点”( ) 区：确定块的插入基点。操作方法与“块定义”( ) 对话框中的相同。

②“对象”( ) 区：确定要选择的图形对象。操作方法与“块定义”( ) 对话框中的相同。

（2）“目标”( ) 区：定义存储的文件名、路径、插入单位：

1）“文件名和路径”( ) 下拉列表：输入存储文件的名称和位置。单击旁边的按钮，弹出“浏览图形文件”对话框，用户可在此对话框中选择存储文件的路径。

2）“插入单位”下拉列表：确定该文件作为块被插入时的单位。

插入方法与上面提到的一样，通过“浏览”，找到“目标”文件即可。

3.4.5 图块的编辑

如果要对插入后的图形进行修改，可以先选中插入的块，然后打开“特性”( ) 窗口进行修改。

关于“特性”( ) 窗口的打开方式，在前面的章节中已经介绍过。选中要修改的图块，打开“特性”( ) 窗口后，如图 3.17 所示。

在该窗口中，可以直接重新指定块插入点的坐标、比例因子、块名和插入的旋转角。

块插入点的坐标可直接输入，也可单击每项输入框后的按钮，用鼠标在绘图屏幕上拾取。

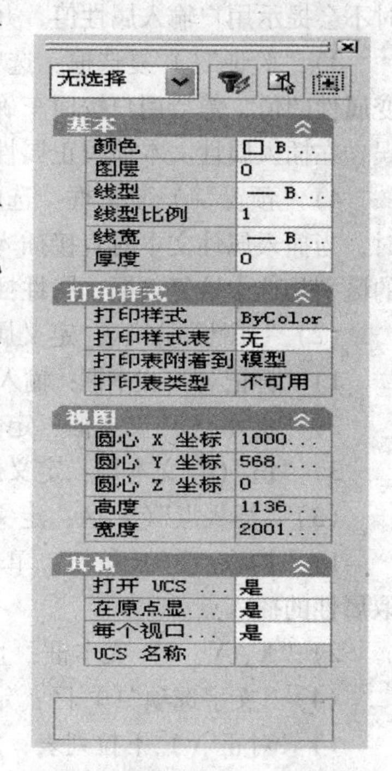

图 3.17 选中图块的特性窗口

3.4.6 图块的属性

属性是图块中的非图形信息，即包含在块中的文本信息。属性从属于块。当对块执行某项命令而使其发生变化时，属性也随之变化。

属性不同于一般的文本，与一般的文本相比具有以下特点：

（1）属性包括属性标记和属性值。

（2）定义块前，先定义属性的标志、提示、默认值、显示格式、插入点等。

（3）属性可进行数据提取。

3.4.6.1 定义属性

A 命令位置

下拉菜单：[绘图][块][定义属性]。

命令行：Attdef（可直接输入 Att）。

B 对话框设置

命令执行后，弹出如图 3.18 所示“属性定义”() 对话框。

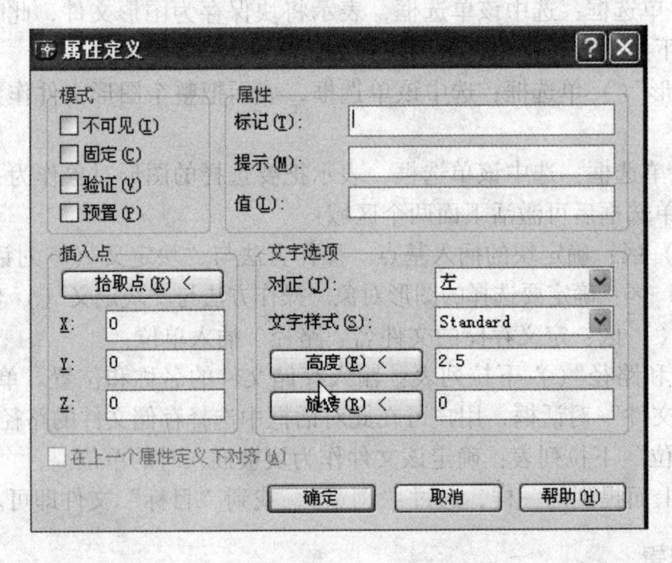

图 3.18 属性定义对话框

该对话框中的设置如下：

(1)“模式”() 区：设置属性的特性。

1)“不可见”() 复选框：选中该复选框，属性为不可见。

2)“固定”() 复选框：选中该复选框，属性值为一固定的文本，固定属性在块插入时不会提示用户输入属性值，并且在块插入后不能修改，除非重新定义块。

3)“验证”() 复选框：选中该复选框，在块插入并需要插入属性文本时，先显示可变属性的值，等待用户按回车确认。这样可在插入属性文本时，看到键入的内容，检查错误，在插入属性文本前校正属性值。

4)“预置”() 复选框：选中该复选框，表示用户自动接受属性的默认值。在插入块时，当插入属性文本时直接插入默认值，不再提示输入显示属性值，与固定复选框选中时的区别是选中该复选框，属性插入后可编辑。

(2)“属性”() 区：定义属性标记、提示及默认值。

1)“标记”() 文本框：输入属性标记，属性标记可用除空格键和惊叹号之外的任何字符。

2)“提示”() 文本框：定义插入带属性的块时，Auto CAD 显示的属性提示。

3)“值”() 文本框：定义属性文本的默认值。

(3)“插入点”() 区：定义属性的插入点：

1)“拾取点”() 按钮：单击该按钮，对话框暂时关闭，返回绘图屏幕，在屏幕上选取属性的插入点。

2)“X、Y、Z”文本框：直接输入插入点的 X、Y、Z 坐标。

(4)“文字选项”() 区：定义属性文本的对齐方式、样式、字高、旋转角度等。

1)“对正”() 下拉列表：定义属性文本的对齐方式。

2)“文字样式”() 下拉列表：定义属性文本的文字样式。

3）“高度”( ) 按钮：单击该按钮，对话框暂时关闭，返回绘图屏幕，在屏幕上指定两点，通过两点的距离来确定字高。也可在旁边的文本框中直接输入字高的值。

4）“旋转”( ) 按钮：单击该按钮，对话框暂时关闭，返回绘图屏幕，在屏幕上指定两点，以第二点在逆时针方向上绕第一点的旋转角度为文本属性的旋转角度。也可在旁边的文本框中直接输入旋转角度。

(5)“在上一个属性定义下对齐”( ) 复选框：该复选框只有在已定义了一个属性后才有效，表示将目前定义的属性放置在前一个属性的正下方，并且对齐方式、文字样式、字高、旋转角度等都相同于上一个属性。

要定义属性还可以在命令行输入或命令，然后按命令提示一步步进行定义，但这种方法不如用对话框定义方便，并不常用。

3.4.6.2　修改定义后的属性

通过特性窗口可以进行更详细的修改。选中要修改的属性，打开特性窗口，如图3.19所示，可以很清楚地看到各项关于属性的修改项目。

3.4.6.3　定义带属性的块

本节将以实例来讲述如何定义一个带属性的块并将其插入到当前的图形文件中。以粗糙度为例。定义带属性的块：

第一步，画出表面粗糙度图形。

第二步，打开“属性定义”( ) 对话框，进行属性定义，各项设置按图3.18块属性对话框所示。

第三步，确定属性定义无误后，执行建块命令，粗糙度图形和属性文本一起选中作为建块对象，然后设置块的插入基点和名称等，完成后单击确定将弹出“编辑属性”( ) 对话框。修改定义属性块的“特性”对话框如图3.19所示。

3.4.6.4　修改插入后的属性

在定义属性时，如果没有选中“固定”( ) 复选框，则属性在随块插入后可对其进行修改。有如下三种修改的方法。

A　用“增强属性编辑器”( ) 修改

(1) 命令位置：

1）下拉菜单：[修改][对象][属性][单个]，然后选中绘图区中的块，即可出现“增强属性编辑器”( ) 对话框；也可在 [修改][对象][属性][块属性编辑器]，也可出现上述的对话框。

2）命令行：Attedit。

(2) 执行命令后，命令行提示：

1）“选择块”( )，选取要修改的带属性的块，弹出如图3.20所示“增强属性编辑器”( ) 对话框。

2）该对话框包含“属性”( )、“文字选项”( )、“特性”( ) 三个选项卡，可以很清楚地对属性的各项参数进行修改。

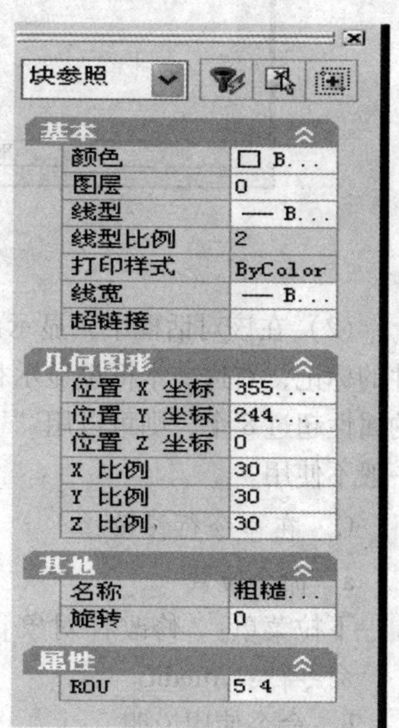

图3.19　修改定义属性块的“特性”对话框

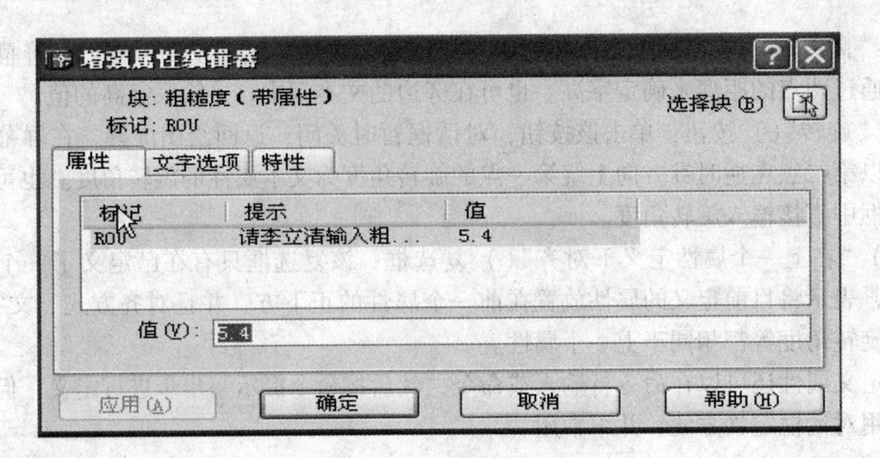

图 3.20 增强属性编辑器对话框

B 用“编辑属性”( ) 对话框修改

(1) 执行 Attedit 命令后，命令行提示：选择块参照（Select Block Reference），选取要修改的带属性的块，弹出如图 3.21 所示“编辑属性”( ) 对话框。

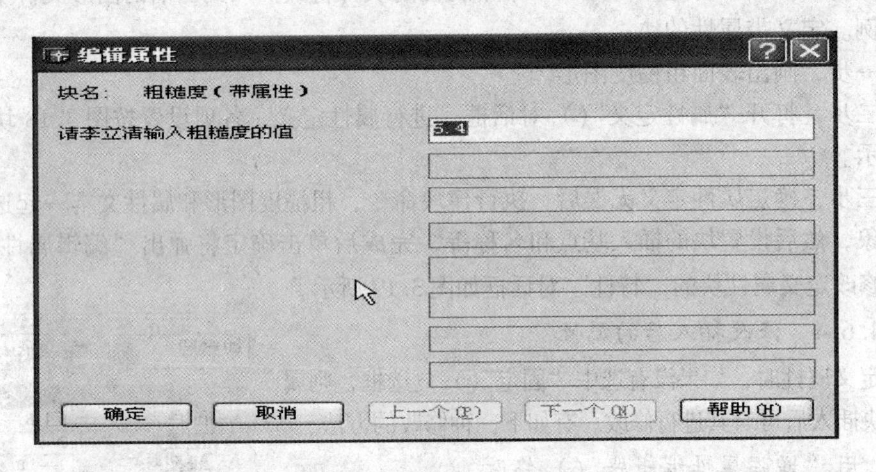

图 3.21 编辑属性对话框

(2) 在该对话框中，显示出了包含在选定块中的所有属性的标记和值。左边显示属性的标记，右边文本框里显示相应的值。用户可以随心所欲地编辑属性值。如果块中包含的属性超过 8 个，则可以用“下一个”和“上一个”编辑。这种方法只能修改属性的值，一般不使用。

C 在命令行修改

a 命令位置

下拉菜单：[修改][对象][属性][全局]。

命令行：Attedit。

b 命令使用说明

(1) 命令：Attedit。

是否一次编辑一个属性？[是否]。

若回答“是”，则表示一次修改选中的一个属性。继续提示：

输入块名定义。

输入属性标记定义。

输入属性值定义。

（2）选择属性：找到1个。

（3）选择属性：（继续选择或回车结束）。

1）用户可以选取一个属性，也可以选取多个属性，则当前要修改的属性会以高亮显示并在属性前绘制一个“X”，然后 Auto CAD 继续提示：

已选择一个属性。

输入选项（）。

2）选取一个操作选项，不同的选项可以修改属性的不同特性。各选项的意义如下：

“值”（）：表示将修改属性的值。

“位置”（）：表示将修改属性文本的位置。

“高度”（）：表示将修改属性文本的高度。

“角度”（）：表示将修改属性文本的旋转角度。

“样式”（）：表示将修改属性文本的样式。

3.4.6.5 属性的显示

命令位置：

（1）下拉菜单：[视图]/[显示]/[属性显示]/[普通]、[开]、[关]。

（2）命令行：Attdisp。

3.5 图 层

3.5.1 设置图层

在绘图过程中，经常要用到多种线型，如粗实线、细实线、点画线、中心线、虚线等。用 Auto CAD 绘图时，实现线型要求的习惯做法是：建立一系列的具有不同绘图线型和不同绘图颜色的图层；绘图时，将具有同一线型的图形对象放在同一图层。也就是说，具有同一线型的图形对象将会以相同的颜色显示。常用的图层设置见表3.7。

表3.7 图层设置

绘图线型	图层名称	颜 色	Auto CAD 线型
粗实线	粗实线	白色	Continuous
细实线	细实线	红色	Continuous
波浪线	波浪线	绿色	Continuous
虚线	虚线	黄色	Dashed
中心线	中心线	红色	Center
尺寸标注	尺寸标注	青色	Continuous
剖面线	剖面线	红色	Continuous
文字标注	文字标注	绿色	Continuous

3.5.2 定义图层

现在对表 3.7 中的图层进行定义。

用于进行图层管理的命令是 LAYER。单击“图层”工具栏上的 （图层特性管理器）按钮，或选择“格式”/“图层”命令，即折行 LAYER 命令，Auto CAD 弹出“图层特性管理器”对话框，如图 3.22 所示。

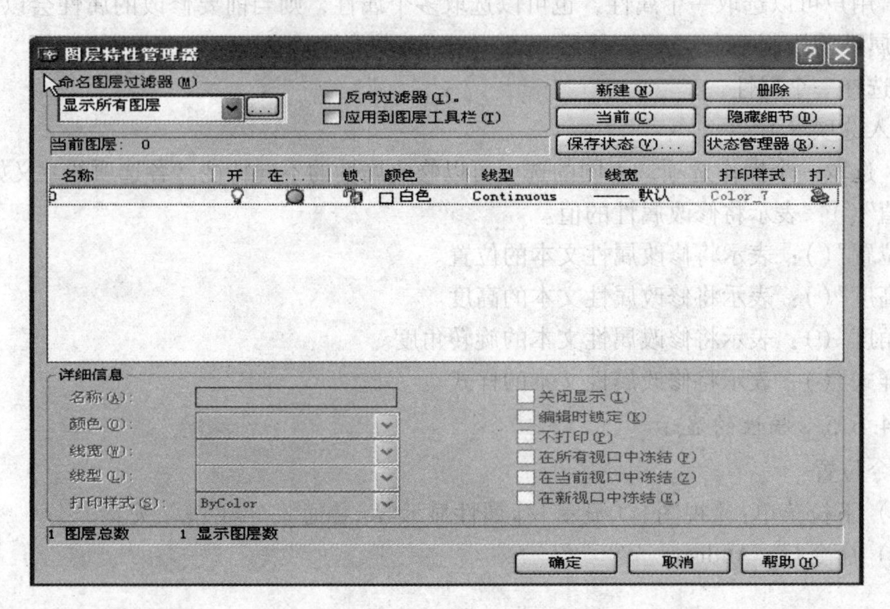

图 3.22 “图层特性管理器”对话框

在这个对话框中可以对图层的名称、开关状态、冻结、锁定、颜色、线型、线宽等进行设置。

通过“新建”按钮可以增加多个图层。

3.5.3 定义文字样式和标注样式

3.5.3.1 定义文字样式

绘图时，经常需要标注文字，可以对这些字体进行设置。

方法：（1）用命令：STYLE；（2）单击“样式”工具栏上 Standard 按钮，即可执行 STYLE 命令，将弹出“文字样式”对话框，如图 3.23 所示。

在该对话框中可以对文字进行多项设置。

3.5.3.2 定义尺寸标注样式

尺寸标注也有具体要求，如尺寸文字的大小、尺寸箭头的大小等。可以通过尺寸标注样式进行设置。

方法：（1）用命令：DIMSTYLE；（2）单击“样式”工具栏上 ISO-25 按钮，即可折行 DIMSTYLE 命令，将弹出“标注样式管理器”对话框，如图 3.24 所示。

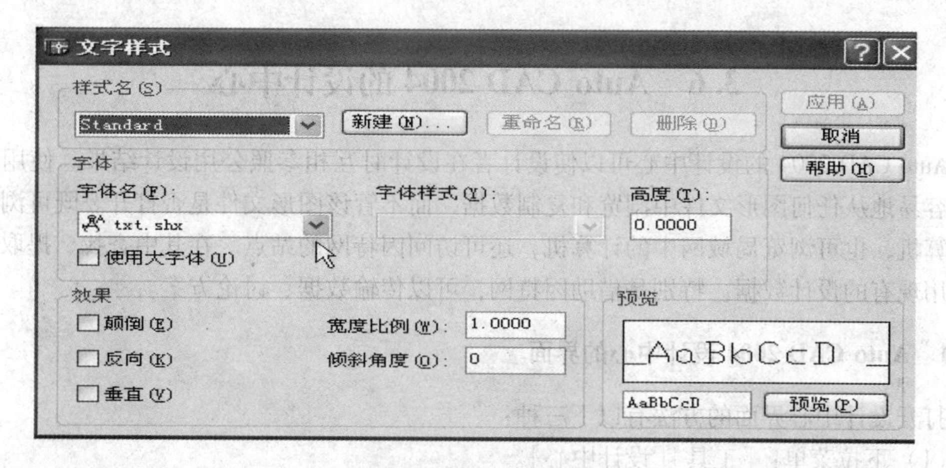

图 3.23 文字样式对话框

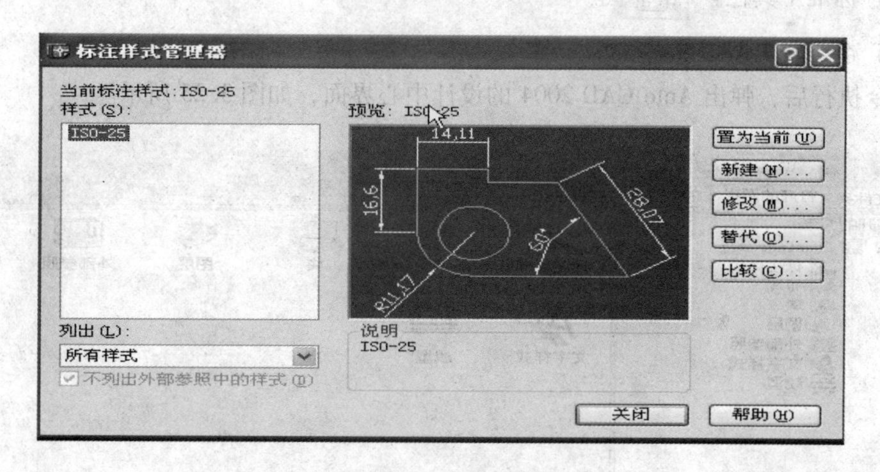

图 3.24 标注样式管理器对话框

在该对话框中可以对标注的样式进行多项修改。

3.5.3.3 几个特殊符号文本输入

几个特殊符号文本，见表 3.8。

表 3.8 几个特殊符号文本

	格 式	意 义
统一码	\U +00B0	表示角度符号（°）
	\U +00B1	表示公差符号（±）
	\U +2205	表示直径符号（φ）
控制码	%%nnn	表示 ASCII 码为 nnn 的字符
	%%d	表示角度符号（°）
	%%p	表示公差符号（±）
	%%c	表示直径符号（φ）
	%%o	表示文本加上划线
	%%u	表示文本加下划线

3.6 Auto CAD 2004 的设计中心

Auto CAD 2004 的设计中心可以使设计者在设计时互相参照公用设计结果。使用它可以很容易地从任何图形文件中浏览和复制数据，而不管该图形文件是否打开。既可浏览本地计算机，也可浏览局域网中的计算机，还可访问因特网的站点。在其中查找、提取和重新使用现有的设计数据。特别是借助因特网，可以传输数据、讨论方案。

3.6.1 Auto CAD 2004 设计中心的界面

打开设计中心界面的方法有以下三种：

（1）下拉菜单：[工具][设计中心]。

（2）标准工具栏：。

（3）命令行：Adcenter。

命令执行后，弹出 Auto CAD 2004 的设计中心界面，如图 3.25 所示。

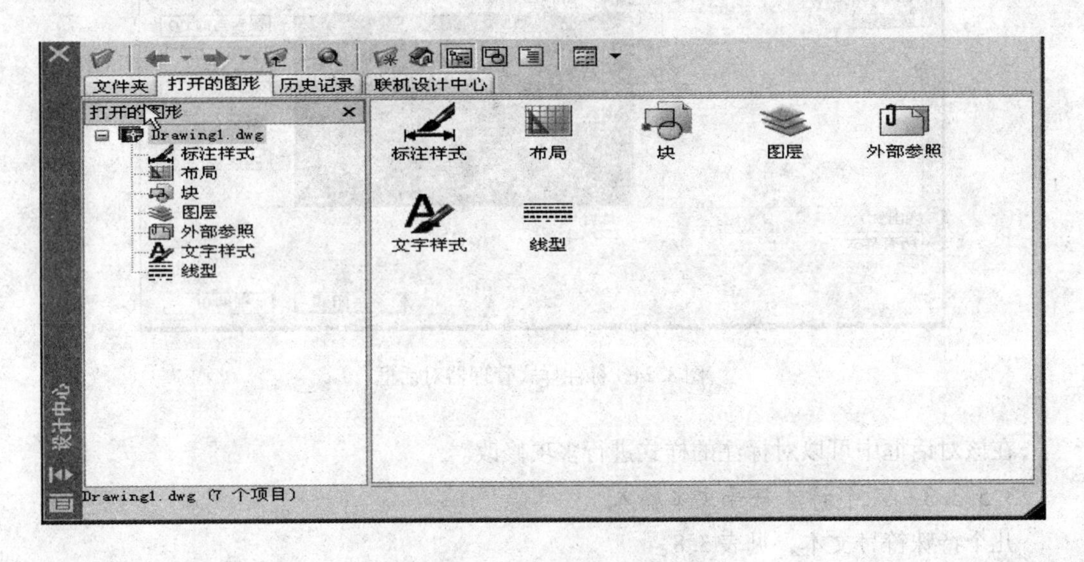

图 3.25 设计中心界面

Auto CAD 2004 的设计中心界面有两部分。左边为树状视图区，显示系统的树形目录。可用浏览、选择本地及网络资源。右面为列表区，用于显示在树状视图区中选中的浏览资源的细目或内容。

3.6.2 设计中心的功能按钮

在设计中心对话框的上面有一排图标按钮，通过点击这些按钮可以实现设计中心的几乎所有功能。具体情况如下：

（1）“加载”按钮：单击该按钮可打开“加载”( ) 对话框。从中选择文件，打开后则 Auto CAD 设计中心自动在列表区显示该文件的内容。

(2)“上一页”按钮：单击该按钮可返回以前打开的目录，单击该按钮后的下拉箭头，在弹出的菜单中可直接选择回到之前已经打开过的目录。

(3)“下一页”按钮：单击该按钮可前进最近打开的目录，单击该按钮后的下拉箭头，在弹出的菜单中可直接选择前进到之前已经打开过的目录。

(4)“向上”按钮：单击该按钮可返回上一级目录。

(5)“搜索”按钮：当在树状视图区寻找文件不方便时，可单击该按钮，使用 Auto CAD 2004 设计中心进行文件查找。单击该按钮后弹出如图所示“搜索”对话框。

用户可以通过该对话框提供的各种查找选项设置查找条件。查找文件的类型不同，对话框中部显示的选项卡也不同。查找的结果显示在下面的查找结果列表框中。如果要把查找的结果加载到设计中心，可使用下面三种方法：

1）查找结果列表中，鼠标双击要加载的文件。

2）在查找结果列表中，选择要加载的文件，直接用鼠标拖到树状视图区。

3）在查找结果列表中，用鼠标右键单击要加载的文件，从打开的快捷菜单中选择“加载到控制板”( )。

(6)“收藏夹”按钮：单击该按钮可直接进入收藏夹目录。

(7)“主页”按钮：单击该按钮可直接进入目录。

(8)“树状图切换”按钮：单击该按钮可隐藏或显示树状视图区。隐藏树状视图区后，设计中心仅有列表区。

(9)“预览”按钮：用于控制列表区中是否显示预览。按下该按钮，列表区中将会出现预览区。

(10)“说明”按钮：用于控制列表区中是否显示附加说明区。按下该按钮，列表区中将会出现附加说明区。预览区和附加说明区都打开的设计中心界面。

(11)“视图”按钮：单击该按钮可切换列表区中的显示方式。单击该按钮后的下拉箭头，会弹出列表区中对象的四种显示方式，可任选其一。

3.6.3 设计中心的选项卡

“文件夹”选项卡：单击该选项卡，用户可以浏览桌面上的文件夹、我的计算机、网上邻居等资源。

“打开的图形”选项卡：单击该选项卡，在树状视图区显示打开的图形文件的树状结构。包括标注样式、布局、块、图层、外部参照、文字样式、线型。

“历史记录”选项卡：单击该选项卡可显示最近在设计中心访问过的文件。

“联机设计中心”选项卡：单击该选项卡可连接到互联网上获取更多资源。

3.6.4 利用 Auto CAD 2004 设计中心插入图形对象

通过 Auto CAD 2004 设计中心，可以直接从列表区或查找结果列表中选取图形对象，将其插入到当前的图形文件中。

3.6.4.1 插入块

使用 Auto CAD 2004 设计中心可以在当前视图中插入块文件。插入图块的方法有鼠标拖动和快捷菜单两种。

A　鼠标拖动

第一步，从设计中心列表区或“查找”( ) 对话框的查找结果列表框中选中要插入的图块。

第二步，用鼠标左键把该图块拖动到当前打开的图形文件中。

第三步，放开鼠标左键，确定插入点、缩放比例、旋转角度等。

B　快捷菜单

第一步，从设计中心列表区或“查找”( ) 对话框的查找结果列表框中选中要插入的图块。

第二步，用鼠标右键单击该文件，在弹出的快捷单中选择“作为块来插入”( )。

第三步，在弹出的“插入”( ) 对话框中设置插入点、缩放比例、旋转角度等。

3.6.4.2　插入光栅图像

使用 Auto CAD 2004 设计中心可以在当前视图中插入 BMP 格式的位图等光栅图像。具体的操作方法有鼠标拖动和快捷菜单两种。

A　鼠标拖动

第一步，从设计中心列表区或“查找”( ) 对话框的查找结果列表框中选中要插入的光栅图像。

第二步，用鼠标左键把该光栅图像拖动到当前打开的图形文件中。

第三步，放开鼠标左键，确定插入点、缩放比例、旋转角度等。

B　快捷菜单

第一步，从设计中心列表区或“查找”( ) 对话框的查找结果列表框中选中要插入的光栅图像。

第二步，用鼠标右键单击该文件，在弹出的快捷单中选择“附着图像”。

第三步，在弹出的“图像”( ) 对话框中设置插入点、缩放比例、旋转角度。

3.6.4.3　巧用设计中心

通过设计中心可以把以前存好的或设置好的一些图层、块、尺寸标注、文字标注等轻松地拉到当前打开的文档中，没有必要重新去设置这些，这样就省去很多时间，提高效率。

方法：当前窗口中，打开设计中心对话框。如图 3.25 所示设计中心界面。

在“文件夹”选择已经有这些模板的文件，选中里面的目标文件，如块、标注线、图层等。然后直接拉到当前文档窗口中即可在当前文档中添加这些块、标注线、图层等。

习　题

3-1　熟练掌握图层和设计中心。

3-2　熟练应用块、属性块来画图。

3-3　熟练掌握各种绘图命令和修改命令。

3-4　在 Auto CAD 中绘制出（见图 3. 26）图形，要求熟练应用各种绘图和修改命令，尤其灵活使用块、属性块的技巧。

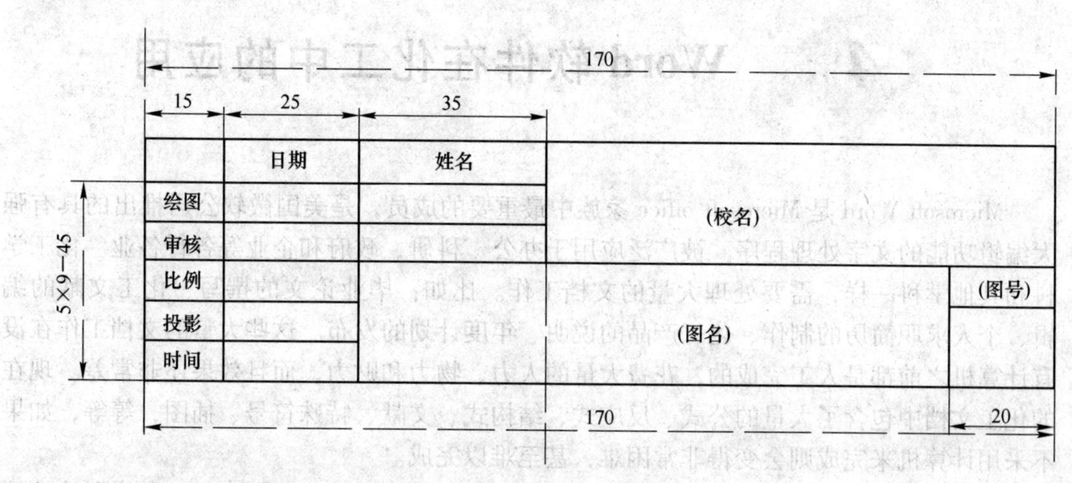

图 3. 26　习题 3-4 图

4 Word 软件在化工中的应用

Microsoft Word 是 Microsoft office 家族中最重要的成员，是美国微软公司推出的具有强大编辑功能的文字处理程序。被广泛应用于办公、科研、政府和企业等各行各业。化工学科和其他学科一样，需要处理大量的文档工作。比如：毕业论文的撰写、化工文献的编辑、个人求职简历的制作、化工产品的说明、年度计划的发布。这些大量的文档工作在没有计算机之前都是人工完成的，花费大量的人力、物力和财力，而且效果还非常差。现在的化工文档中包含了大量的公式、反应式、结构式、文献、特殊符号、插图，等等，如果不采用计算机来完成则会变得非常困难，甚至难以完成。

如果一篇科技论文，不用 Word 来撰写，杂志社将很难处理。同样，学生的本科毕业论文一般格式包含文献综述、实验、结果分析和结论四部分。（1）文献综述，对研究课题的国内外研究进行调查，提出自己的可行实验方案，涉及大量的文献、表格、图形和项目符号。（2）实验，讲述实验过程、流程、原理、仪器、药品和步骤，涉及实验装置图、表格、文献、图形等。（3）结果分析，对实验数据进行分析，涉及大量的数据处理、表格、图形等。（4）结论，通过分析得出什么结论。这些内容都需要借助 Word 及其他软件才能高效完成。在编辑论文时经常要用到的功能有以下几个方面：（1）根据需要改变字体的大小。（2）任意设定版面大小。（3）绘制简单实验流程图。（4）利用公式编辑器书写公式。（5）任意插入表格、页码及图形。（6）复制和删除内容。（7）脚注、尾注、目录。

下面就化工专业中常常涉及的 Word 软件知识进行介绍。以 Word 2003 版本为例。

4.1 公式编辑器的使用

4.1.1 寻找公式编辑器的步骤

寻找公式编辑器的步骤如下：

（1）点击菜单栏中的“工具”项。

（2）在弹出的菜单中选择“自定义”。

（3）然后选择“命令”选项卡选择“插入”项。

（4）在“命令”选项卡右栏找到“公式编辑器”，将其拉到常用工具栏中。

4.1.2 插入公式的另一种方法

在菜单栏中选择“插入”菜单，然后选择“对象”选项，然后在“对象”对话框中选择“新建”选项卡内找到“Microsoft 公式 3.0”即可插入公式。

4.1.3 注意点

（1）在公式编辑过程中，字体和符号默认为斜体，编辑完成后，可以全选内容，然后在选择“样式”菜单中的“文字”格式，就可以把选中内容变为正体。

（2）在行距为固定值的情况下（比如=30），公式内容会显示不完整，尤其是带有分式结构的公式会有很多部分显示不出来。这时可以利用“段落”对话框设置行距为单倍行距或者1.5倍行距，设置后就可以完整显示公式内容。

4.1.4 用上下标编辑简单公式

寻找上下标的步骤如下：

（1）点击菜单栏中的“工具”项。

（2）在弹出的菜单中选择“自定义”。

（3）然后选择“命令”选项卡选择“所有命令”项。

（4）在右栏选择框中将出现：X_2 X_2 的图标，将其拉到常用工具栏中。

也可以在工具栏后面的“添加或删除按钮”中，将上下标图表打上“√”，例如编辑方程式：$2H_2+O_2 = 2H_2O$。

4.2 三线制表格的绘制

4.2.1 三线制表格的绘制

4.2.1.1 *方法一*

（1）点击菜单中的表格（A）项，在下拉菜单中选择插入—表格。

（2）在表格的各项中输入相应内容，并利用工具栏中的居中功能，将文字居中。

（3）选定表格，按右键，选择“自动套用表格”，选择格式中“简明1”型，然后对它的“要应用的格式”复选框进行设置，还有一些“特殊格式”复选框进行设置。

4.2.1.2 *方法二*

（1）点击菜单中的表格（A）项，在下拉菜单中选择插入—表格。

（2）在表格的各项中输入相应内容，并利用工具栏中的居中功能，将文字居中。

（3）选定表格，点击格式（O）菜单，在其下拉式菜单中选择边框与底纹，在其弹出的对话框中，选择只有上下线条的图示（见图4.1），并利用手绘线，绘上第二条线。整个表格就完成了输入工作。

4.2.2 斜线表头的处理

方法：先选中要绘制斜线表头的单元格，然后在“表格”菜单中，选择“绘制斜线表头”，再在“插入斜线表头”对话框中，对表头样式、字体大小和行标题、列标题进行设置或输入。

4.2.3 文本与表格之间的相互转换

要将表格转换成文字，可按照以下步骤操作：

（1）选定整个表格。

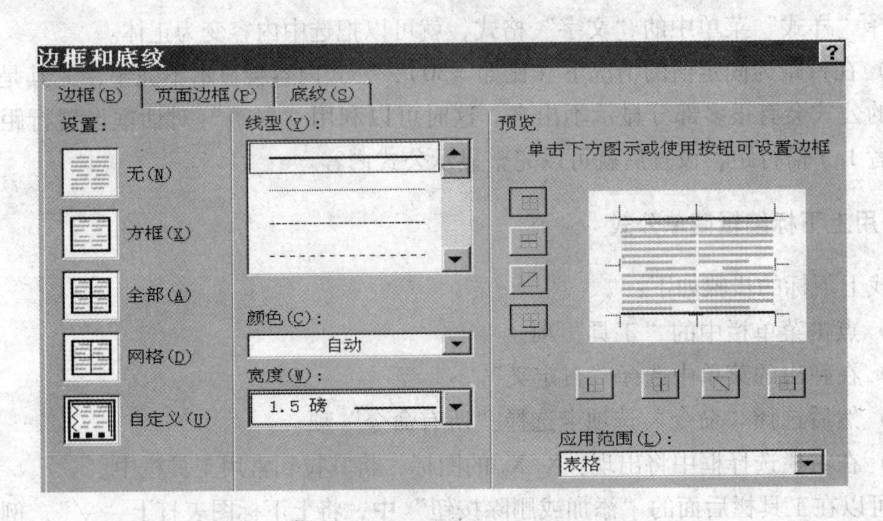

图4.1 边框和底纹对话框

(2) 单击"表格"菜单中的"将表格转换成文字"选项，将出现"将表格转换成文字"对话框，选定文字的分隔符号中的一种，然后"确定"。

将文字转化为表格

(1) 在文字中用分隔符来说明要拆分成的行和列的位置。

(2) 选定要转换的文字。

(3) 单击"表格"菜单中的"将文字转换成表格"选项，弹出"将文字转换成表格"对话框。

(4) 在对话框中选择正文中使用的分割符。

(5) 确定。

4.2.4 表格编辑

步骤：选中要编辑的表格或某些单元格，按右键或者是表格菜单，可以对表格进行多项编辑。

熟悉以下操作：插入新行、插入新列、删除行和列、合并或拆分单元格、拆分表格、平均分布各行、平均分布各列、绘制斜线表头和表格的边框和底纹等。

4.2.5 计算与排序

4.2.5.1 计算

步骤如下：

(1) 选定要输入计算结果的单元格。

(2)"表格"菜单中的"公式"选项。

(3) 通过"公式"对话框，选择要使用的公式，如"SUM (left)"表示左边的数相加的总和，或者在粘贴函数中选择所要的函数，见图4.2。

(4) 确定。

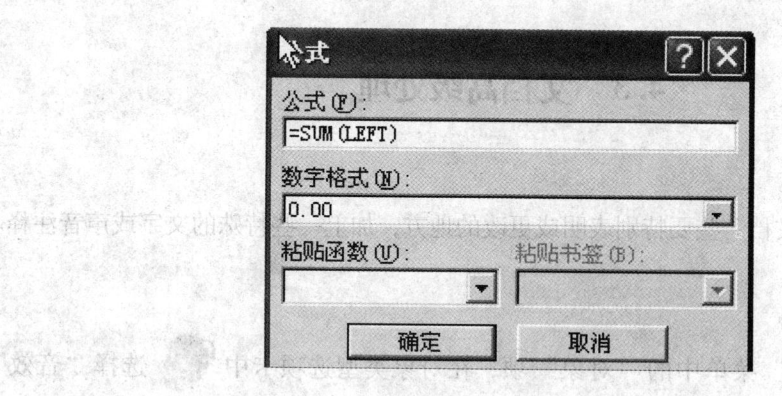

图4.2 计算对话框

注意：

(1) 当增加了“列、行”，重新计算总分时，只要把光标指向该处，按右键，选择“更新域”即可。

(2) 公式中一定要有“=”。

(3) 如果该行或列有空单元格，应在其中键入“0”。

(4) 重点练习求总和（sum）、平均数（average）、最大值（max）和最小值（min）。

4.2.5.2 排序

步骤如下：

(1) 选定要排序的列。

(2)“表格”菜单中的“排序”对话框，见图4.3。

(3) 设置对话框参数。

注意：递减时要将列表复选框中“有标题行”选上。

(4) 确定。

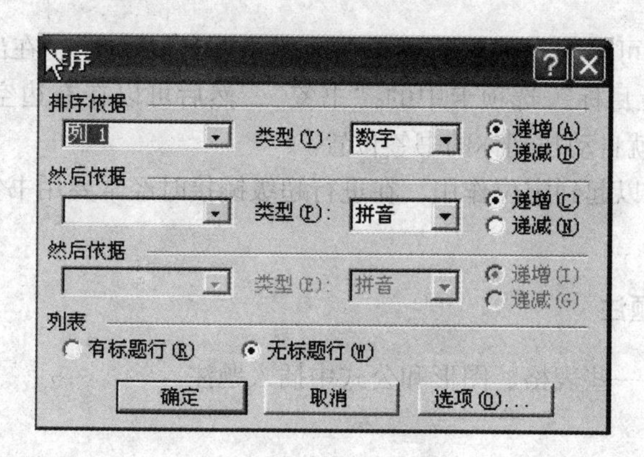

图4.3 排序对话框

4.2.5.3 生成统计图表

步骤如下：

(1) 选取表格中要生成图表的数据范围。

(2)“插入”菜单中的“对象”选项，选择“Microsoft graph 2000 图表”。

4.3 文档高级处理

4.3.1 批注

目的和用途：在文档一些要特别表明或更改的地方，加上一些特殊的文字或声音注释。

步骤如下：

（1）选择插入点。

（2）单击“插入”菜单中的“对象”项，在对象类型选项卡中 选择“音效”，然后录制你自己的批注内容。查看时右键点击该小喇叭即可播放批注内容。

（3）然后插入你所要的 wav 格式音效文件。

查看批注：

可以在“编辑”菜单中选择“查找和替换”，在出现的对话框中选择“定位”，选择“批注”。

4.3.2 书签

目的和用途：在阅读或书写一些长文档时，不可能一次就可以完成，当完成一定程度的时候就要停下来，这样就可以使用“书签”。让你下次看的时候直接找到这个“书签”就可以了，免去了很多烦琐的“翻页”步骤。

步骤如下：

（1）选择要插入书签的点。

（2）点击“插入”菜单中的“书签”选项。

（3）在出现的对话框中输入你的“书签”内容。

（4）确定。

查看书签步骤：可以在“编辑”菜单中选择“查找和替换”，在出现的对话框中选择“定位”，选择“定位目标”选项卡中的“书签”，然后可以在右边空框中输入你的“书签名”，确定，系统就自动找到你的书签位置。

注意：书签还可以起到定位作用，在进行超级链接时经常要用书签来定位，起到链接作用。

4.3.3 为项目建立题注

目的与用途：在一些表格、图形和公式中插入题注。

步骤如下：

（1）选择要添加题注的项目（表格、图形和公式）。

（2）选择“插入”菜单中的“引用”选择题注。

（3）在“题注”对话框中输入你的题注内容，如表格、图形或公式，如果在对话框中没有你所需要的标签，可以新建一个自己的标签，如，新建“表格 1. 、图形 2. 等”。

（4）确定。

注意：也可以在“题注”对话框中使用“自动插入题注”，先要将题注的类型、标签设置好，这样就可以在每次出现表格、图形或公式的时候，系统自动将项目加上了题注。例如：在多章节的文档中，以表格为例，新建题注："表格1."设置自动插入题注后，系统在每次第一章中，每次出现表格是都会出现"表1.X" X为序号。同样在书写第二章时，设置为"表格2."，以此类推。

如果在中间过程中有表格删除了，只要对剩下的表格标题进行"更新域"操作就行，系统自动会更正"新表格顺序"。

4.3.4 标题的使用

目的与用途：在文档的正文中设置标题，可以为自动生成目录做准备。

步骤：

(1) 在正文中选取所要设置为标题的内容。

(2) 在样式名称列表框中设置其为标题（标题1、标题2等，即设置标题的级别）。

(3) 可用"格式刷"，将其他相同级别的正文刷成相同级别的标题。

注意：将鼠标指针指向"格式"工具栏，点击倒立三角形，然后选择里面"其他"，这样样式就会出现在右边，可以对样式进行修改，在对话框中可以新建自己所需要的样式，"新样式"，然后存档。如图4.4所示。

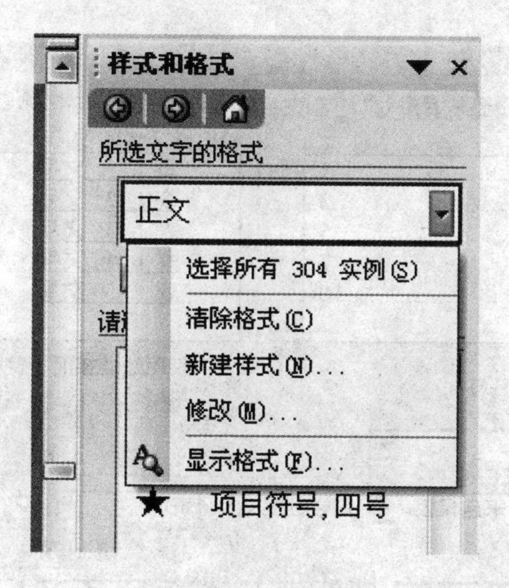

图4.4 样式和格式

4.3.5 索引和目录

目的与用途：可以自动生成目录和图表目录。

步骤：

(1) 将鼠标点到文档的开始页。

(2) 点击"插入"菜单中的"索引和目录"项。

(3) 在"索引和目录"对话框中选择"目录"，并对相关项进行设置后，系统就会自动生成目录，如图4.5所示。如果在对话框中选择"图表目录"，系统就会自动生成图表目录（对象：对那些增加了题注的图、表或公式），如图4.6所示。

(4) 确定。

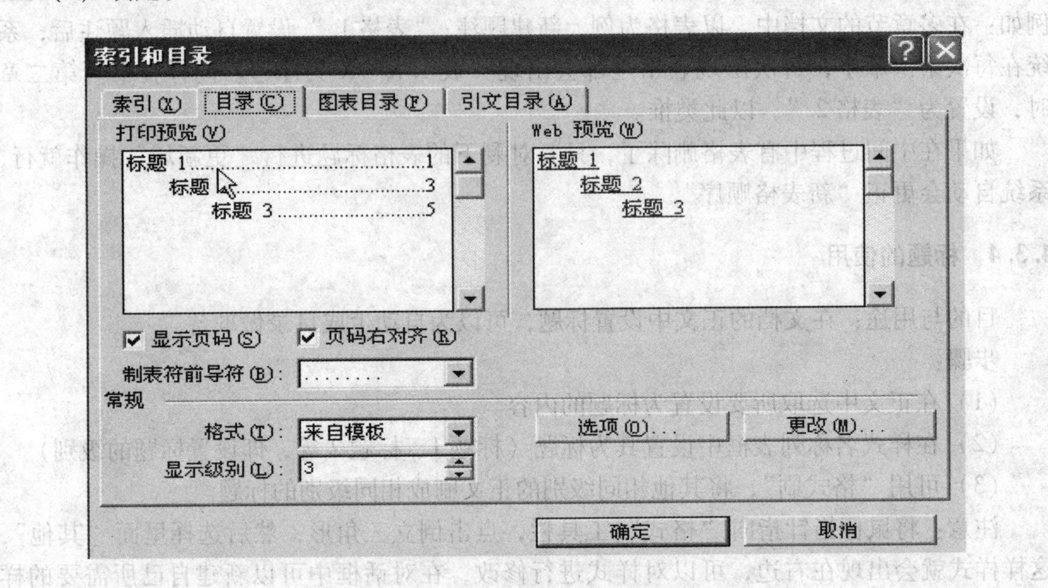

图 4.5 目录对话框

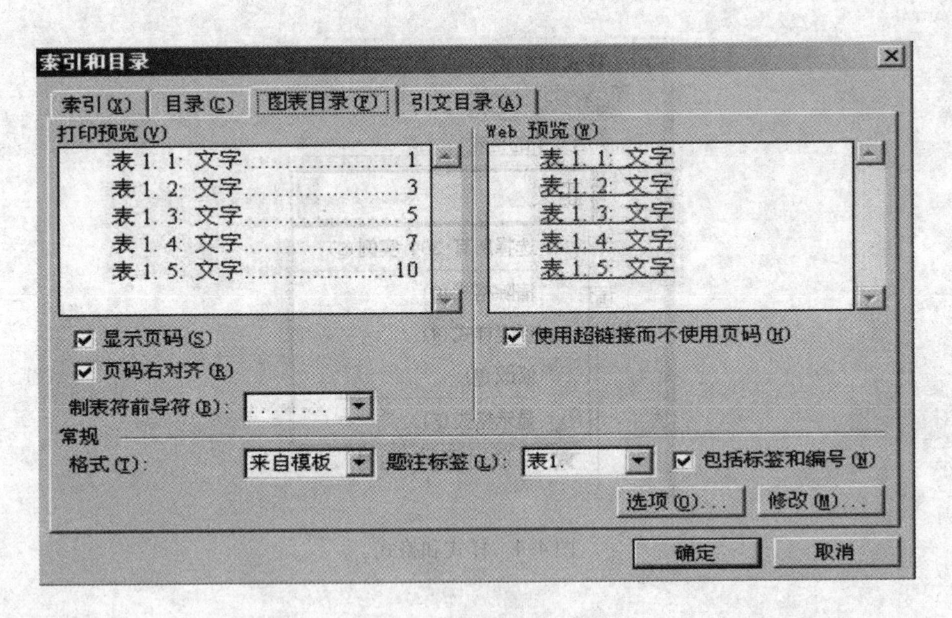

图 4.6 图表目录对话框

4.3.6 脚注和尾注

目的与用途：脚注出现在每页的页底，尾注出现在文章的最末段；比如在引用一些理论、原理、实验方法时，通过脚注或尾注，就可以在页底或文章最末段表达出来，并按顺序排列在一起。

步骤如下：

(1) 点击“插入”菜单中的“脚注或尾注”。

（2）在“脚注或尾注”对话框中选择需要的项，进行设置，如图4.7所示。

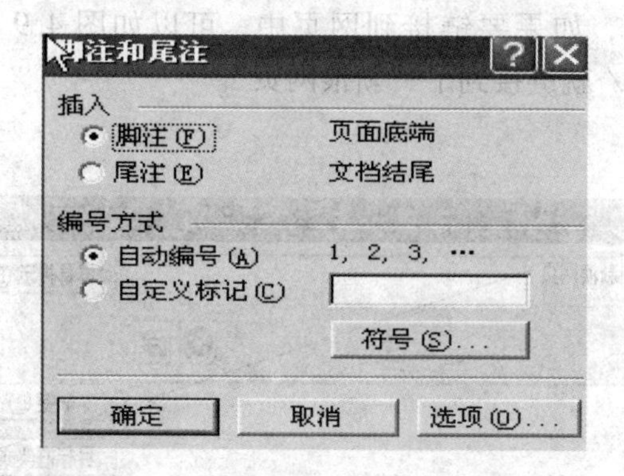

图4.7 脚注和尾注对话框

（3）确定。

（4）然后鼠标光标就会指向页底或文章未段脚注或尾注处，输入内容。例如：参考文献就要用到尾注。

4.3.7 超级链接

背景与用途：可以在文章的任何位置，用任何“图标”来设置超级链接，使相关的要点连接起来。

在超级链接对话框中有链接到标题中的任何一个标题或书签（在不是标题的位置处，可以设置一个书签，然后链接到这个书签，就可以链接到此处）。

步骤如下：

（1）单击“插入”菜单中的“超级链接”，如图4.8所示。

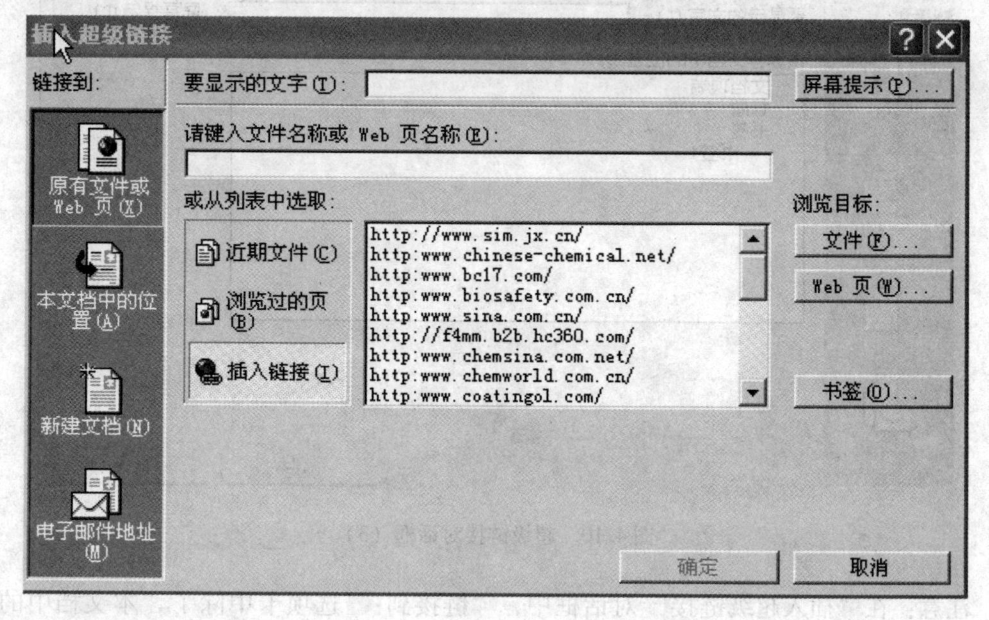

图4.8 超级链接对话框（1）

（2）在对话框中选择“本文档中的位置”。

在 word2003 版里面，如果要链接到网页中，可以如图 4.9 所示，直接输入地址：http://www.sina.com.cn/ 就链接到了“新浪网页”。

例如：新浪网页。

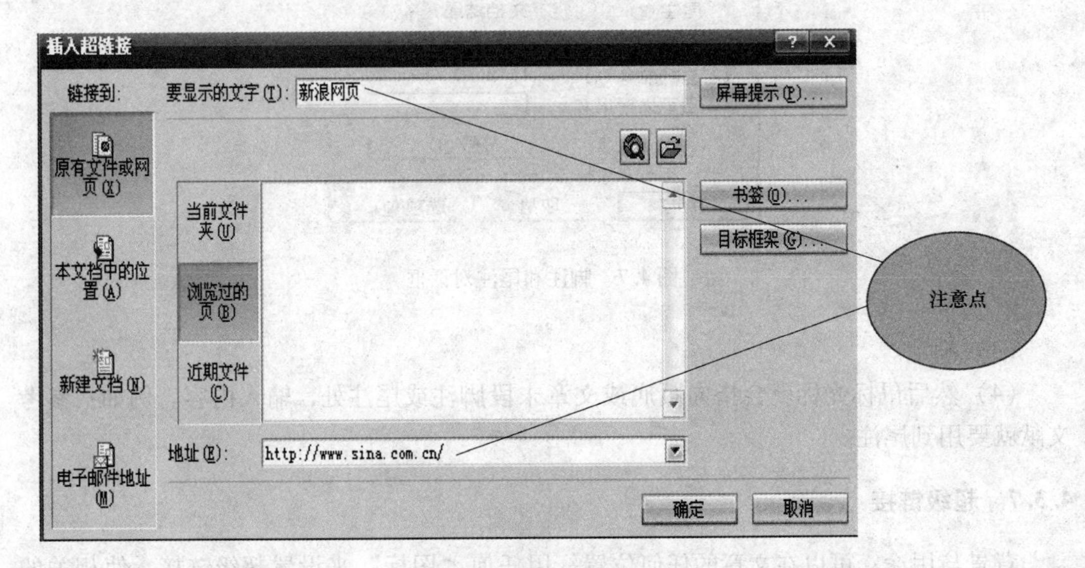

图 4.9 超级链接对话框（2）

（3）然后选择标题或书签的位置，如图 4.10 所示。

（4）确定。

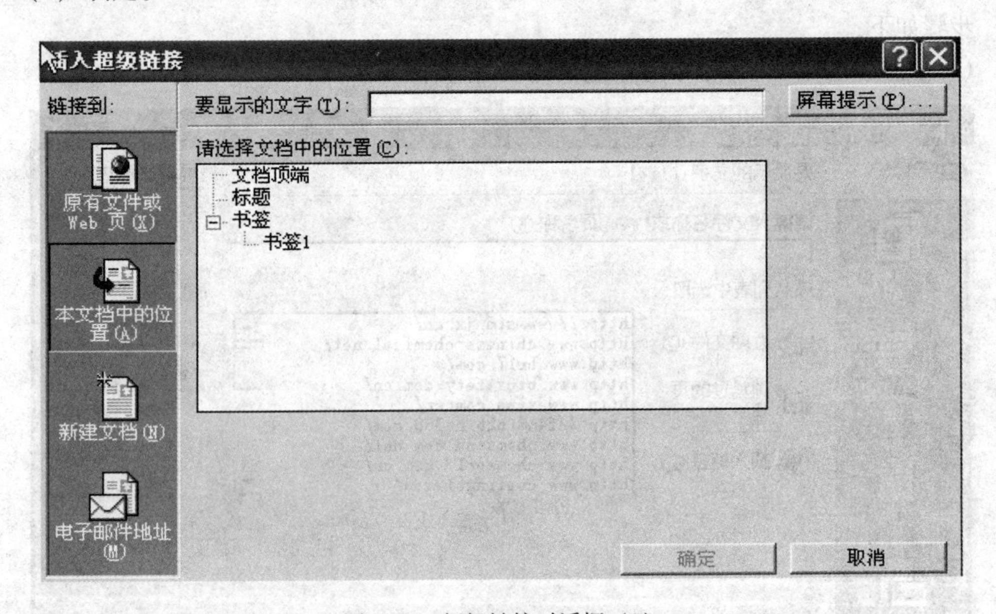

图 4.10 超级链接对话框（3）

注意：在“插入超级链接”对话框中，“链接到:”选项卡中除了“本文档中的位置”外，还可以链接到“新建文档”：指链接到新的一个 Word 文档；电子邮件地址：指链接到 Outlook 发送电子邮件；或原有的文件或 Web 页。

4.3.8　格式刷的应用

可以先选择所要匹配格式的对象，然后双击工具栏上的格式刷，再对其他需要被匹配的对象用“刷子”一刷，这样就可以将它的格式变成和一开始选择对象的格式一样。

4.3.9　剪切板的应用

先将“剪切板”找出来。具体步骤如下：在“视图”菜单中选择“工具栏”选项，然后可以看到“剪切板”，将其“√”上，这样就可以利用“剪切板”了。

在 2003 版本里面，只要同时按住快捷键“ctrl + c”，则在右边自动出现了剪切板，可以有 24 次。

4.3.10　查找与替换

作用：可以快速定位和替换字词。

4.4　文档的排版和打印

4.4.1　文字样式和字体设置

方法一：选中需要的段落或文字，按右键，选择“字体”。

方法二：在“格式”选择“字体”。

4.4.2　段落样式设置

方法一：选中需要的段落或文字，按右键，选择“段落”。

方法二：选中需要的段落或文字，在“格式”选择“段落”。

主要的设置，如图 4.11 ~ 图 4.13 所示。

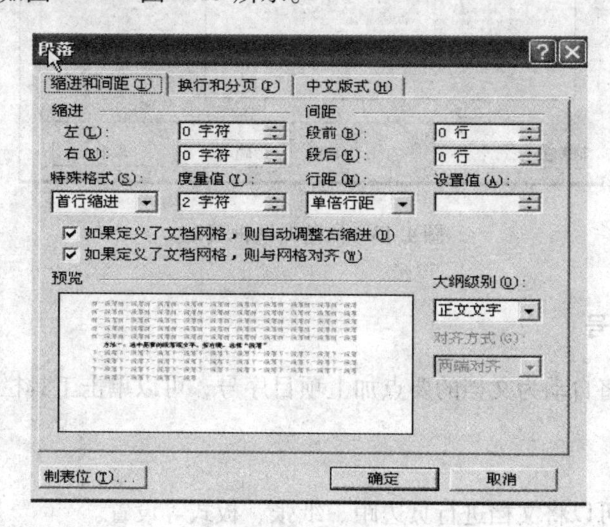

图 4.11　段落对话框（1）

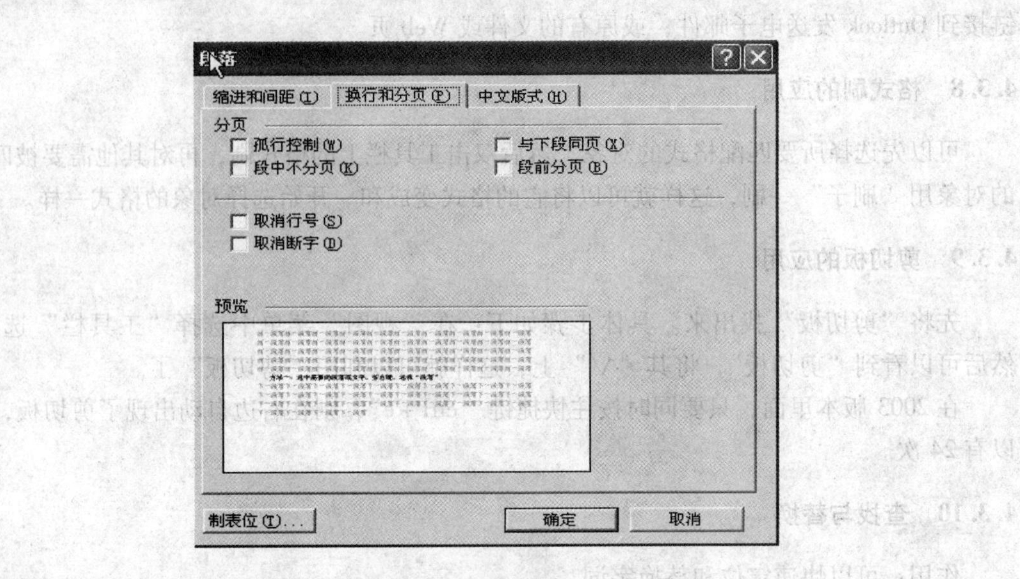

图 4.12　段落对话框（2）

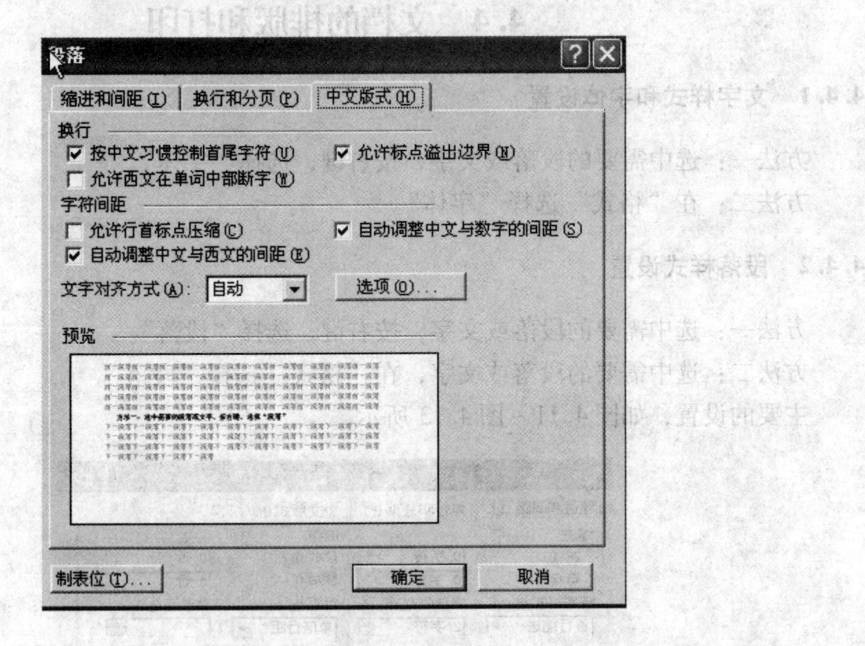

图 4.13　段落对话框（3）

4.4.3　使用项目符号

目的：使系统将自动为文档的要点加上项目序号，可以单击工具栏上的项目图标。

4.4.4　页面设置

目的与用途：可以将文档进行页边距、纸张、板式等设置。
步骤如下：单击“文件”菜单中的“页面设置”，如图 4.14 所示。

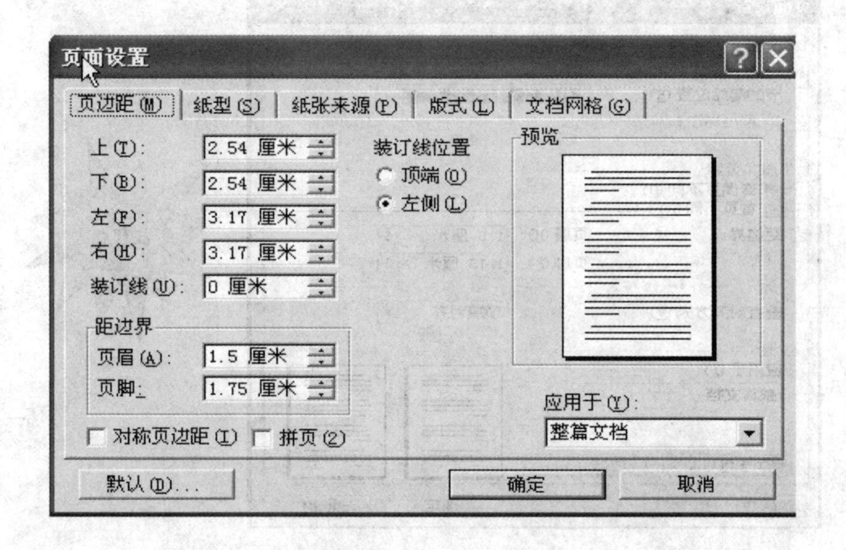

图4.14　页面设置对话框

注：如果使用双面打印，建议把“页码范围”设置为“对称页边距”。

在“页面设置”属性页上选择“文档网格”选项卡，在“网格”属性中选择“指定行和字符网格”，并为“字符”设为每行“40”，为“行”设为每页“40”。另可以通过“文字排列”中的“栏数”来设置分栏。

4.4.5　页眉页脚和页码设置

步骤如下：单击“视图”菜单中的“页眉页脚”设置，然后在其对话框中进行设置各种要求，如图4.15所示。

图4.15　页眉页脚对话框

主要内容：插入图文集（第几页/共几页）、插入页码、页数、页码设置等，插入时间日期，可以设置奇数、偶数页的页眉页脚设置（先在“文件”菜单中，选择“页面设置”，在对应点上打上钩），如图4.16所示。

练习：在自荐信中设置页眉页脚。有时候第一页页眉不同时，也要把“首页不同”的复选框，打上“√”。

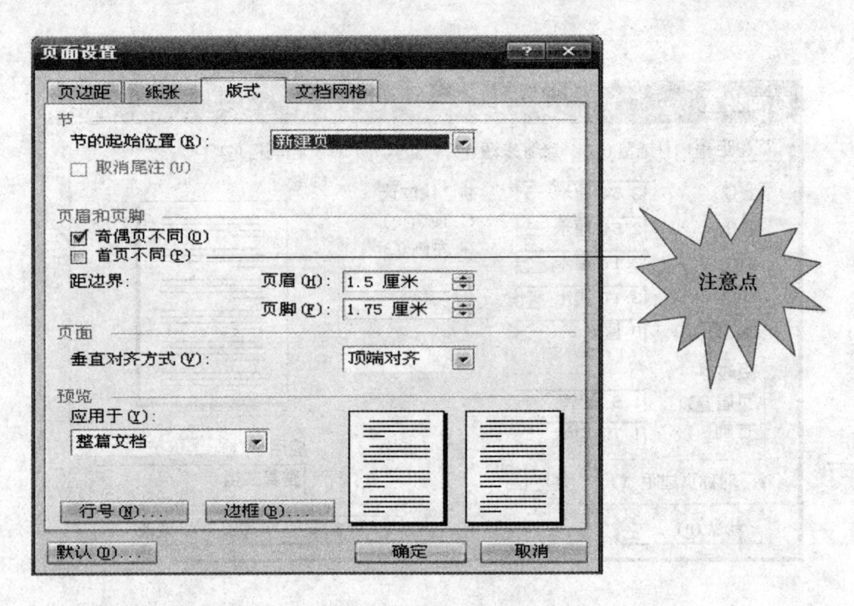

图 4.16　页眉页脚对话框

4.4.6　去除页眉上的横线

默认插入页眉后，在页眉中会有一条横线，有时会影响页眉的显示效果。可以用以下方法去除掉它。

选中页眉中的文字和段落标记，选择菜单“格式”—“边框和底纹”，选择“边框”选项卡，并将“设置”设为“无”，页眉上的横线就没有了。

4.4.7　分页符和分节符的使用

在做毕业论文时，封面和正文是要分成两页的，很多人会用回车把正文顶到第二页，这样以后修改会比较麻烦，容易出问题。正确作法是在封面内容后插入“分页符”或“分节符”。

选择菜单上的“插入”—“分隔符”，在对话框上选择“分隔符类型”中的“分页符”或是“分节符类型”中的“下一页”。

两者都能实现分页的效果，只不过用“分节符”会多一个分节的功能，如果文档中有特殊的页需要纸张方向为“横向”，那么利用分节符会很方便，另外分节符在其他方面也有很多应用，不再赘述。

4.5　图 文 混 排

4.5.1　绘制实验装置示意图和工艺流程图

背景和用途：化工论文及文献中除了有大量的表格以外，还有大量的插图，如实验流程图、装置示意图和带坐标的实验数据图等。

对于一般的实验流程图，一般有三种方法：

方法一：用 Auto CAD 绘制，然后粘贴到 Word 文档中。

方法二：利用 Word 软件本身的绘图功能。

步骤如下：

(1) 先把绘图工具拉到常用工具栏中，方法：在“视图”菜单中选择“工具栏”项，然后在其下拉菜单中，将“绘图”打“√”上。

(2) 利用工具栏的相关绘图功能进行绘画。

重点：掌握组合和层次的应用

方法三：用其他软件制作好的流程图粘贴到 Word 文档中，如，Chemoffice 画一些分子结构式，Core draw 画流程图。

4.5.2 艺术字的插入

步骤如下：

(1) 先把艺术字工具拉到常用工具栏中，方法：在“视图”菜单中选择“工具栏”项，然后在其下拉菜单中将“艺术字”打“√”；若工具栏上有了艺术字工具则免去此步骤。

(2) 单击“艺术字”按钮，利用工具栏的“艺术字”功能绘画。

(3)“插入”菜单中“图片”选项，然后在其下级菜单中选择“艺术字”。

对输入的艺术字进行编辑方法：点击所插入的“艺术字”，在“艺术字”工具栏中可以进行各项编辑，如：更改艺术字形式、旋转、图文对齐、文字环绕等。

4.5.3 图形处理

插入图形主要有两种方法：

方法一：直接用拷贝功能将其粘贴到文档中。

方法二：单击“插入”菜单中的“图片”项，然后选择“来自文件”，这样就可以在计算机上已存的图片插入到文档中，如图 4.17 所示。

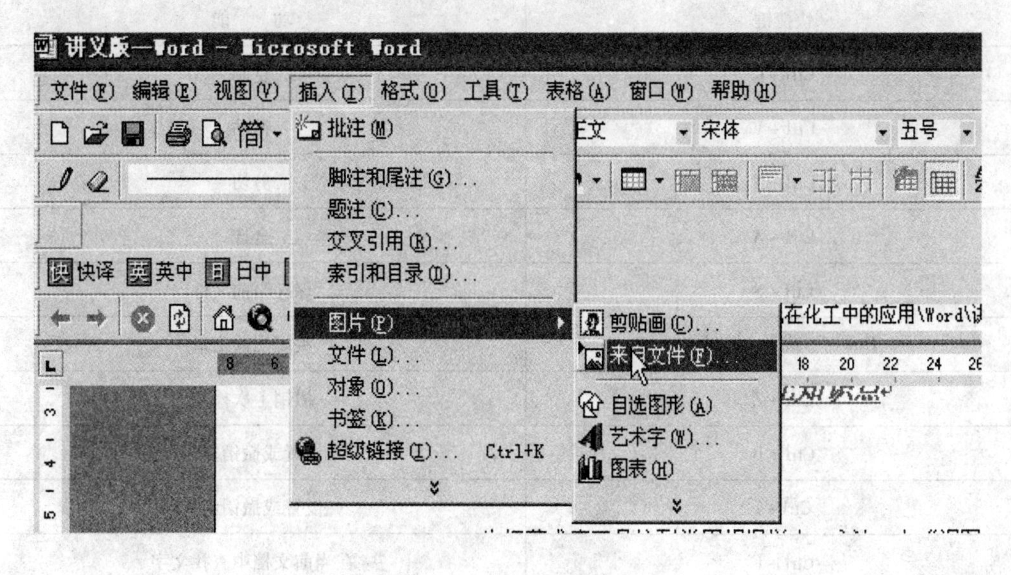

图 4.17 插入图片操作

对插入的图片进行编辑：双击要编辑的图片，将出现图片编辑对话框，如图 4.18 所示，可以对图片大小、边框设置（线条、颜色等）、页面边框和排版方式等。

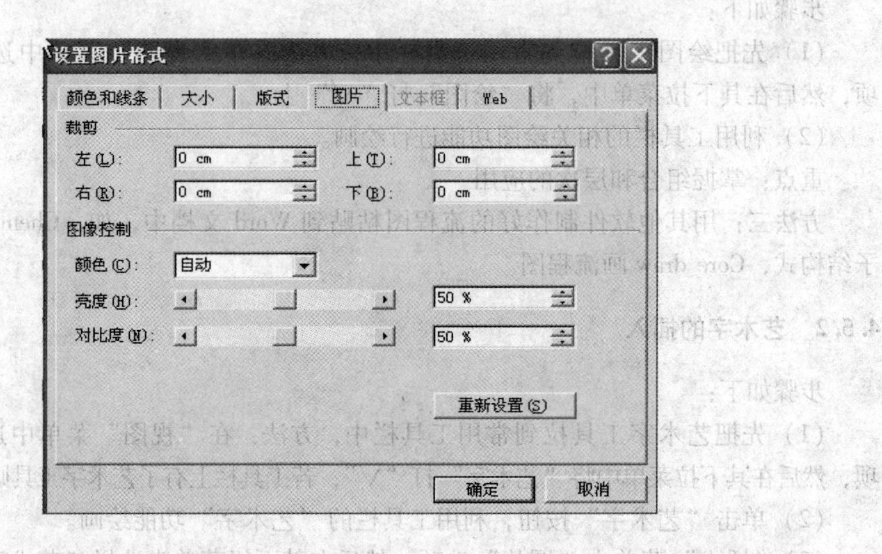

图 4.18　设置图片格式对话框

4.6　快捷键及文档保护

4.6.1　常用快捷键

常用快捷键见表 4.1。

表 4.1　常用快捷键

快捷键	功　　能
Ctrl + C	复制
Ctrl + V	粘贴
Ctrl + X	剪切
Ctrl + A	全选
Ctrl + S	保存当前文件
Ctrl + F_4 或者 Alt + F_4	关闭当前窗口
Ctrl + Z	撤销上次操作
Ctrl + B	设置或撤销黑体
Ctrl + I	设置或撤销斜体
Ctrl + F	在当前文档中查找文字

4.6.2 保护文档

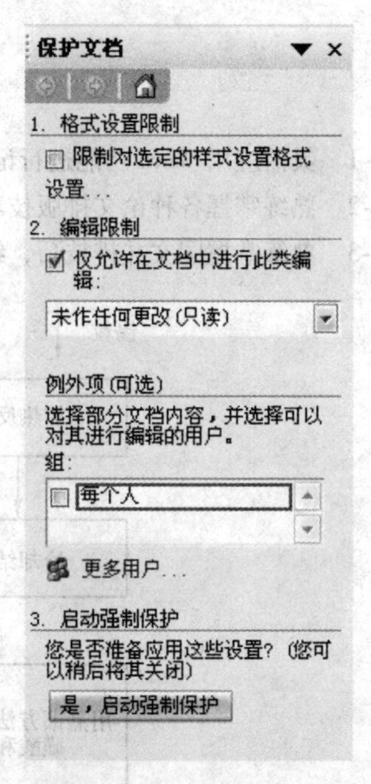

图 4.19 保护文档

作用：保护你的文档，不受别人的修订。

步骤：单击“工具”菜单栏，选择“保护文档”选项，弹出对话框，对其各项进行设置，如图 4.19 所示。

选项 1：可以选择要保护的格式。

选项 2：可以对用户编辑进行不同程度的限制，如：限制用户为只读。

选项 3：可以设置密码保护，知道密码者可以撤销保护。

4.6.3 为文档增加密码

作用：保护文档不被别人看到，要看你的文档得先知道你的密码。

按如下操作：

步骤：单击“工具”菜单栏，选择“选项”选项，弹出对话框，选择“安全性”选项卡，对底下各项进行设置。然后输入打开密码和修改密码，如图 4.20 所示。

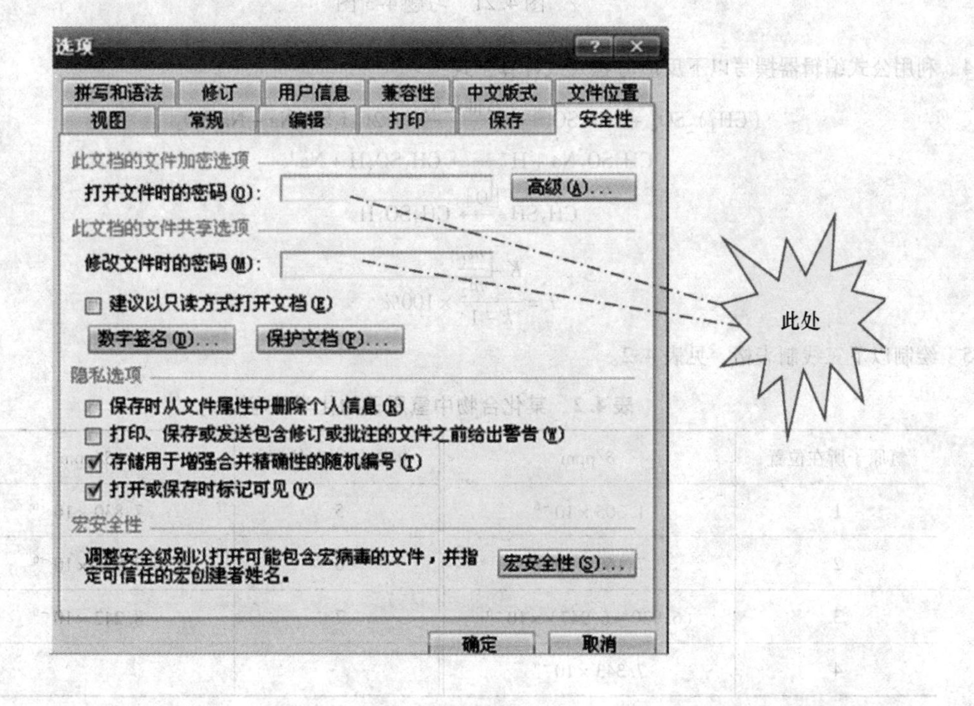

图 4.20 安全选项

习　题

4-1　灵活应用 Word 功能进行记录和编辑实验数据，撰写实验小结。

4-2　熟练掌握各种论文排版技巧。

4-3　熟练掌握图文并排技巧，绘制如图 4.21 所示实验流程图。

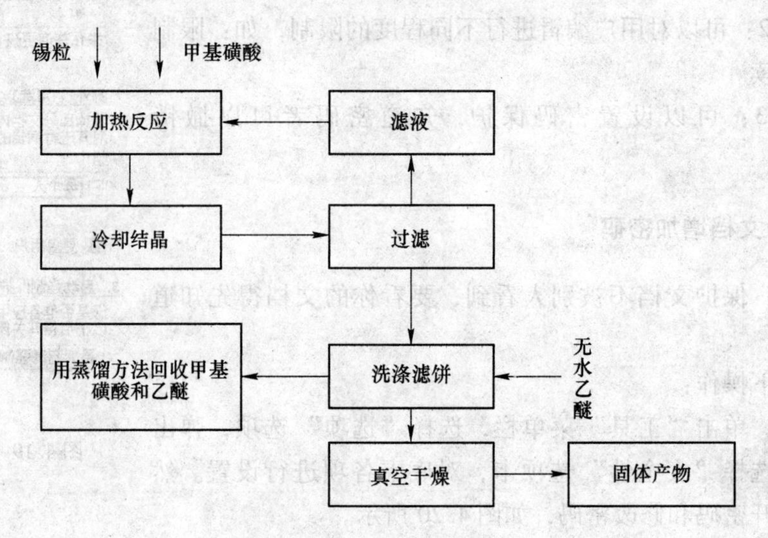

图 4.21　习题 4-3 图

4-4　利用公式编辑器撰写以下反应方程式或计算公式：

$$(CH_3)_2SO_4 + 2Na_2SO_3 \xrightarrow{\triangle 催化剂} 2CH_3SO_3Na + Na_2SO_4$$

$$CH_3SO_3Na + H^+ \longrightarrow CH_3SO_3H + Na^+$$

$$CH_3SH \xrightarrow{[O]} CH_3SO_3H$$

$$T = \frac{K - \dfrac{m_1}{m_2}}{k-1} \times 100\%$$

4-5　绘制以下三线制表格，见表 4.2。

表 4.2　某化合物中氢原子的化学位移

氢原子所在位置	δ/ppm	氢原子所在位置	δ/ppm
1	1.305×10^{-6}	5	7.830×10^{-6}
2	7.160×10^{-6}	6	9.823×10^{-6}
3	$(6.930 \sim 6.947) \times 10^{-6}$	7	8.242×10^{-6}
4	7.343×10^{-6}		

4-6　利用分页符和分节符来分开各章节，分开目录与正文，并注意它们之间的联系。

Excel 软件在化工中的应用

5.1 功能简介

Microsoft Excel 是 Microsoft office 家族的重要成员，是目前最佳的电子表格系统之一。被广泛应用于财务、金融、经济、审计和统计等众多领域。化学化工的实验数据众多，需要借助 Excel 表格才能完成实验数据的记录和处理。Microsoft Excel 能对大量的杂乱无章的数据加以组织和分析，将它们准确而美观地表现出来。其主要有以下 7 个方面的功能：

（1）表格制作。

（2）强大的计算功能。

（3）丰富的图表制作功能。

（4）数据库管理。

（5）分析与决策。

（6）数据共享与 Internet。

（7）开发工具 Visual Basic。

在化工中的应用有很多，针对本科生，这里主要介绍将实验数据制成表格，对实验数据进行处理及计算，将化工产品的需要制成图表等功能。以 Excel 2003 版本为例。

5.2 Excel 工作表

5.2.1 工作表概述

Excel 工作表包括：工作簿，工作表（最多 255 个），单元格，行（最多可以有 65536 行），列（最多 256 列），版面格式，菜单等对象。

表格输入小技巧：在表格所有内容的输入过程中，每输完一个单元格的内容，需回车一个，每一次回车，系统自动将同一列的下一个单元格作为当前单元，如果某一列的内容已输完要换列，则需要利用鼠标重新选取，这对表格数据输入的速度造成的影响。解决的方法是：先选中要输入数据的区域，然后按第一列第一个单元格开始输入，每次按回车，系统将在按第一列单元格开始一直往下移，第一列完成后自动换第二列、第三列……。

5.2.2 在工作簿中的操作

5.2.2.1 功能键

可以使用“鼠标”或使用“键盘”中的功能键，见表 5.1。

表 5.1 几个常见的功能键

按 钮	功 能
方向键	移到箭头方向的那个单元格
Page up	移动上一屏
Page down	移动下一屏
Home	移到一行中最左边单元格
Ctrl + Home	移到工作表的左上角
Ctrl + End	移到工作表的右下角

5.2.2.2 定位单元格

单元格的地址由列字母和行号组成，要转到特定工作表上的一个单元格，输入工作表名字，惊叹号和单元格地址，并按回车，如：Sheet2！D13。

步骤："编辑"→"定位"，表格对话框的引用位置：Sheet2！D13。

注：在该对话框中"定位条件"中，可以选择"批注"，"常量"，"公式"，"空值"等其他特殊的位置，如图 5.1 和图 5.2 所示。

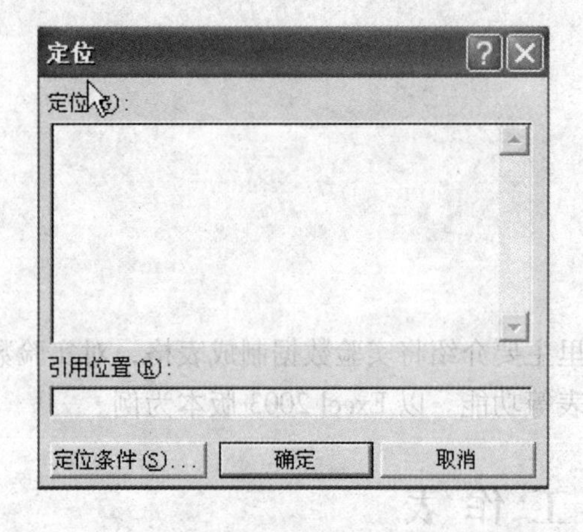

图 5.1 定位对话框

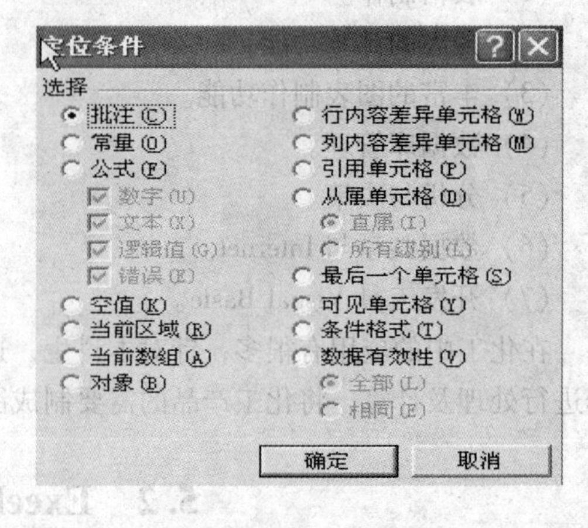

图 5.2 条件定位对话框

5.2.2.3 安排工作簿

打开"窗口"菜单，单击"重排图标"选项。这样可以查看同一个工作簿中的多个工作表。

步骤："窗口"→"重排窗口"对话框中，选取排列方式：平铺、水平并排、垂直并排和层叠。

5.2.3 网格线和表格线

Excel 实际上是由无数个单元格组成的网格表，每个单元格的边线就是网格线，也就是表格线。因此，给单元格加上不同的边框线，就可画出各种风格的表格。

5.2.3.1 保留或取消网格线

步骤：

(1) 单击"工具"→"选项"，打开"选项"对话框（见图 5.3）。

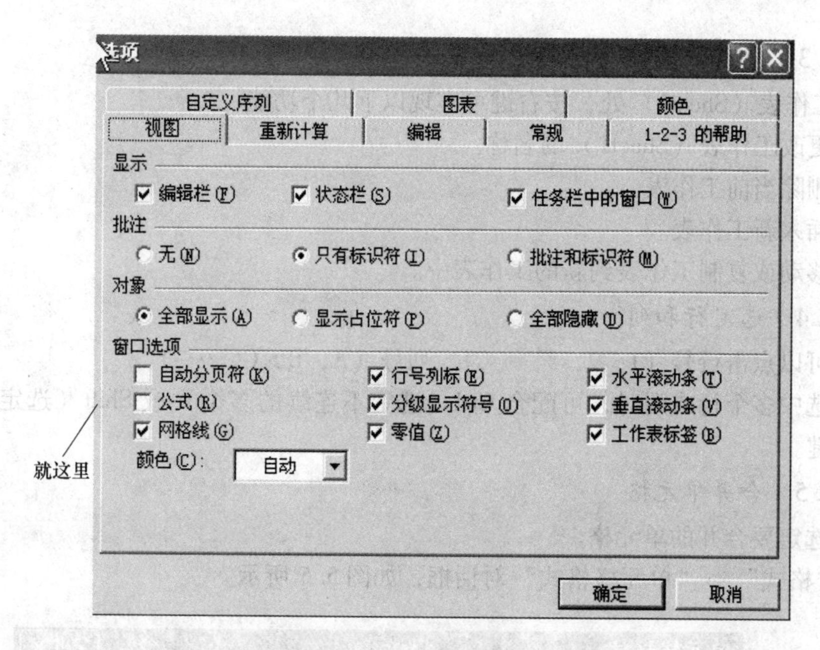

图 5.3 选项对话框

（2）单击对话框中的“视图”选项卡。

（3）对网格线复选框进行设置。

5.2.3.2 绘制表格线

步骤如下：

（1）选定工作表单元格区域。

（2）单击“格式”→“单元格格式”对话框（或按右键）。

如图 5.4 所示，在对话框中可对单元格的数字，对齐方式，字体，边框，图案，保护等进行设置。

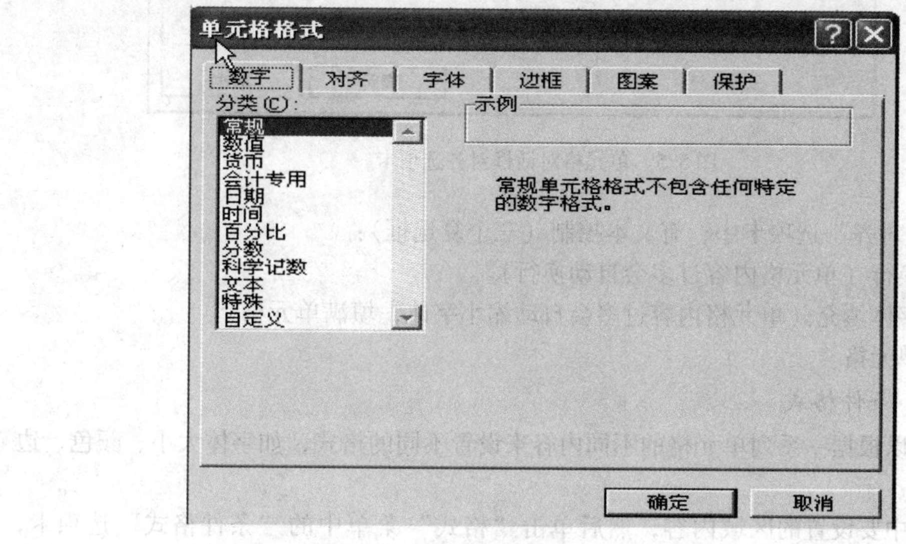

图 5.4 单元格格式对话框

5.2.3.3 使用“右键”功能

点击工作表（Sheet1）处，按右键可实现以下几个功能：

（1）更改工作表（Sheet1）的名称。

（2）删除当前工作表。

（3）插入新工作表。

（4）移动或复制工作表到新的工作表中。

5.2.3.4 选定行和列

（1）可以点击行号（1，2，3，…,），列号（A，B，C，…,）。

（2）选中多个行或列时，可配合Ctrl（选定不连续的多个）或Shift（选定连续的多个）功能键。

5.2.3.5 合并单元格

（1）选定要合并的单元格。

（2）“格式”→“单元格格式”对话框，如图5.5所示。

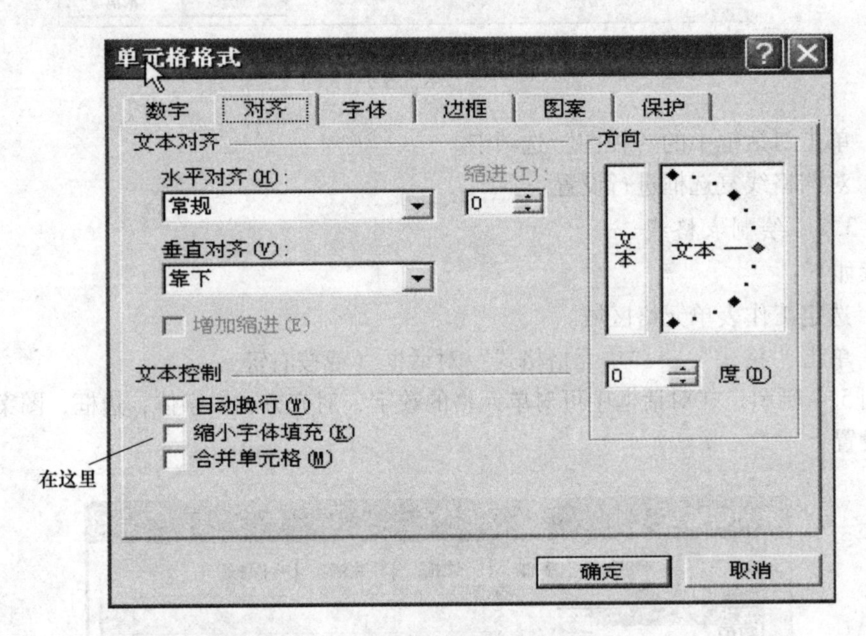

图5.5 单元格对话框对齐选项卡

（3）在“对齐”选项卡中，有文本控制（三个复选框）：

1）自动换行（单元格内容过多会自动换行）。

2）缩小字体填充（单元格内容过多会自动缩小字体，填满单元格）。

3）合并单元格。

5.2.3.6 条件格式

目的：可以根据一系列单元格的不同内容来设置不同的格式，如字体大小、颜色、边框和图案等。

步骤：选中要设置的区域内容，然后单击“格式”菜单中的“条件格式”选项卡，如图5.6所示。

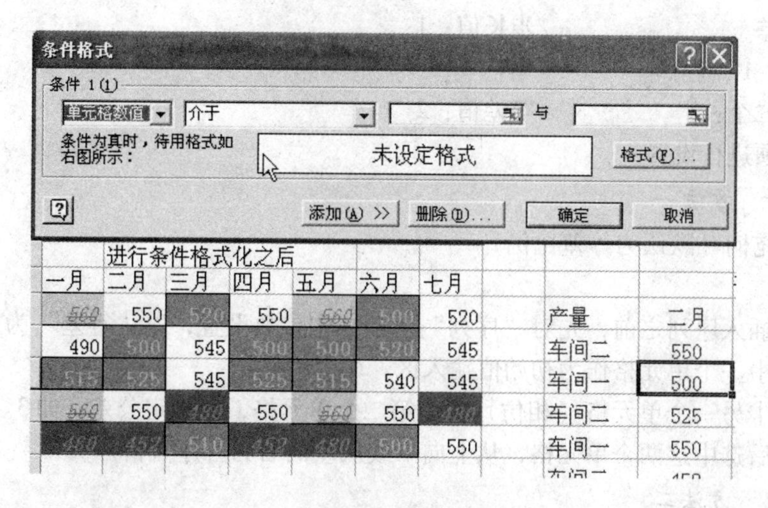

图5.6　单元格条件格式对话框

注：可以通过对话框中“添加”按钮增加多个条件，最多为3个条件格式。

5.3　Excel表格中数据的处理

5.3.1　重复输入相同数字或文字内容

方法：

（1）点击要输入的数字或文字单元格。

（2）然后向左右或上下拉动句柄，直到填充满你所要的单元格区域（相当于复制功能）。

注：如果有多个单元格甚至是一张表格，也可以这样做，就是先选中所要拉动的区域，然后向左右或上下拉动。

5.3.2　“填充”作用

在“编辑”菜单中的“填充”，单击“系列号”，可以输一系列数字，如图5.7所示。

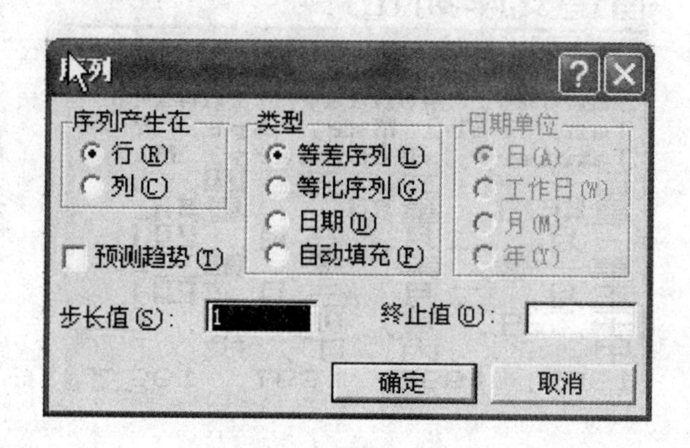

图5.7　“序列”对话框

例：等差　　　　　　　　步长值：1

初：1

第二个：3　　　　　　　等差值：2

对相应项进行设置。

5.3.2.1　方法一

拖动填充柄（默认为等差比例）

步骤：

（1）在插入序列之前，先对“序列”对话框中参数设置，以“等差”为例。

（2）选中一个单元格作为初始值输入区，如1。

（3）选中另一个单元格（相仿）作为第二个单元格，以确定公差，如3。

（4）然后选中这两个单元格，从上向下或从左向右为升序（降序）。

5.3.2.2　方法二

步骤：

（1）先在首个单元格输入一个数值或文字，然后选种某个区域（列或行）。

（2）然后点击“编辑”菜单中的“填充”项，选择“向下、向上、向左和向右”等填充。

（3）系统就会自动填充上数字或文字。

5.3.2.3　方法三

步骤：

（1）选中一个单元格，输入数据，如2。

（2）向左或向右，向下或向上选中包括第一个输入数据单元格。

（3）点击“编辑”→“填充”→“序列”，对话框。

（4）设置等差：此时步长值即为公差，终止值为填充的最高值，到达最高值后，系统将不再往下填充。

（5）等比：此时步长值即为公因子。

（6）确定。

注：系统默认的系列只有一些常用的系列，如图5.8所示。

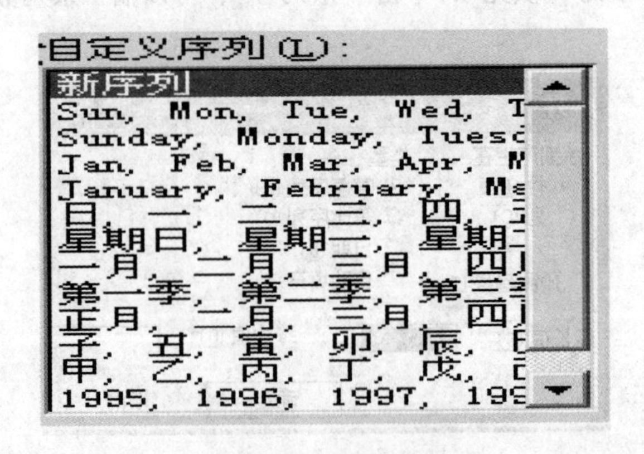

图5.8　自定义系列对话框

若要插入新系列，如：百家姓中，以“张，王，刘，李…”为例。

步骤：

（1）“工具”→“选项”，弹出“选项”对话框。

（2）在自定义序列中选择“新系列”，在输入序列框中输入你的新系列，按 Enter 键将各输入项分开，然后单击“添加”。

如：张（回车）。

　　王（回车）。

　　刘（回车）。

　　李（回车）。

（3）确定。

这样就增加了新系列，如图 5.9 所示。

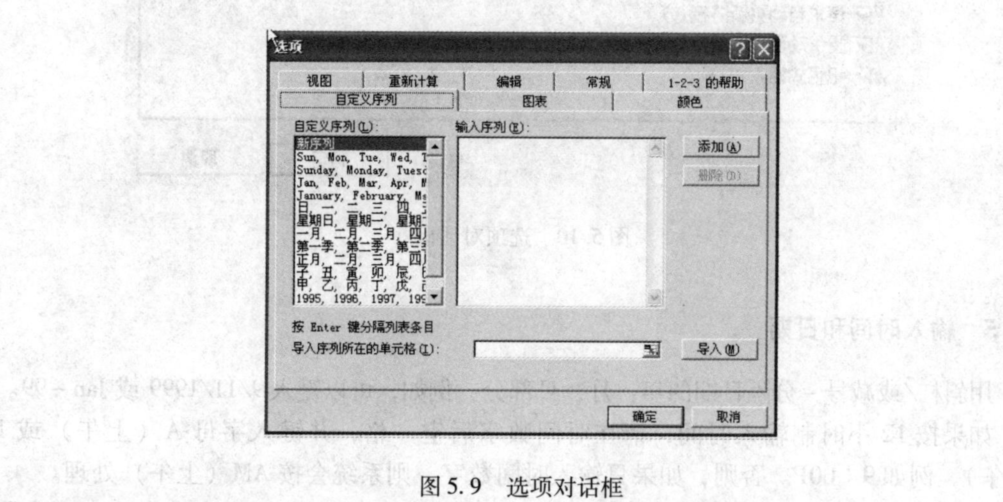

图 5.9　选项对话框

5.3.3　输入具有固定小数的数字

输入小数是很麻烦的事，例如，输入小数点后两位的数字××.××可进行设置。

步骤：

（1）“工具”→“选项”→“编辑”选项卡（见图 5.10）。

（2）在对话框中选定“自动设置小数点”复选框，在“位数”栏中键入小数点的位数，一般为两位。

例如：输入“0.75，695.75”，可以输入“075，69575”系统自动会加上小数点。

5.3.4　使用自动更正

例如，有时“have”写成“haev”“There is thereis.”可以设置自动更正，系统就会自动更改。相当于“查找替换”。

步骤如下：

（1）“工具”→“自动更正”。

（2）设置（复选框）。

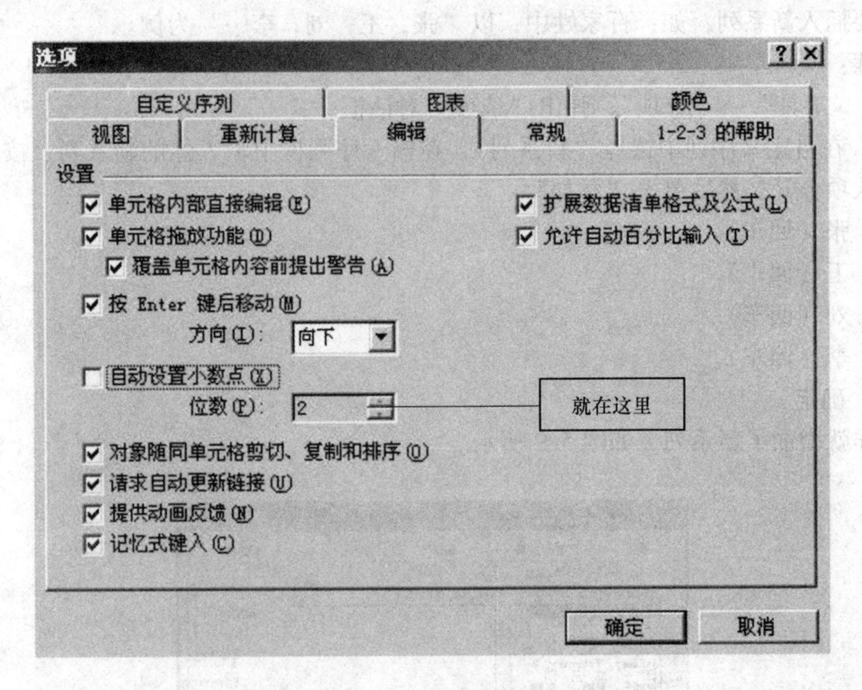

图 5.10 选项对话框

5.3.5 输入时间和日期

用斜杠/或减号 - 分隔日期的年，月，日部分：例如，可以键入 9/11/1999 或 Jan -99。

如果按 12 小时制输入时间，请在时间数字后空一格，并键入字母 A（上午）或 P（下午），例如 9：00P。否则，如果只输入时间数字，则系统会按 AM（上午）处理。

也可先选中单元格，然后单击“格式”→“单元格”选项，可对“数字”，“对齐”，“字体（上下标）”，“边框”，“图案”进行设置。

5.3.6 基本计算方法

Excel 的基本计算方法包括：加、减、乘、除、平均值、幂等的计算。

通常利用自编公式计算，把每个单元格作为一个独立的式值。另外，每次利用自编公式时都要以“ = ”开始，基本运算符号见表 5.2。

表 5.2 运算符号

运算符	类 型	计算举例	结 果
+	加	4 +9	13.00
–	减	14 –7	7.00
*	乘	6 * 5	30.00
/	除	15/3	5.00
^	幂	3^3	27.00
%	百分号	54%	0.54

5.4 工作表的格式化技巧

当在工作表中输入了大量的数据后，就必须对这些数据加以格式化，例如：对齐方式、边框和底纹、改变行高和列宽、改变数字日期的格式、创建自定义的数值和日期格式，等等。

5.4.1 自动套用格式

5.4.1.1 自动套用格式表格操作步骤

（1）选择要格式化的区域。

（2）单击“格式”菜单中的“自动套用格式”项，弹出对话框（见图5.11）。

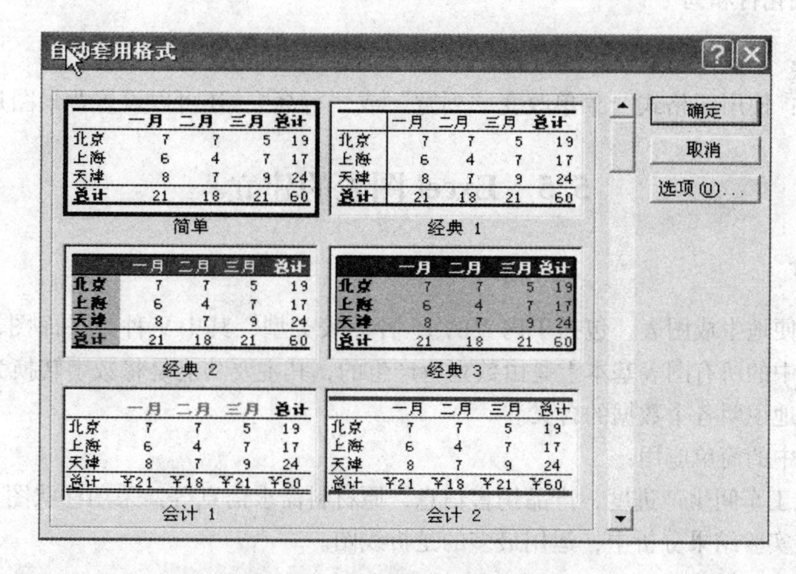

图5.11 自动套用格式对话框

（3）单击“格式”框中所需要的格式。

（4）确定。

5.4.1.2 部分自动套用格式

步骤如下：

（1）~（3）同5.4.1.1节。

（4）单击“自动套用格式”对话框中的“选项”按钮。

（5）在应用格式种类中，对不需要的复选框清除。

（6）确定。

5.4.1.3 运用条件格式

定义：条件格式是指单元格底纹或字体颜色等格式，如满足所设定的条件，则可自动将条件格式应用于单元格。

步骤如下：

(1) 选择要设置格式的单元格。

(2) 单击“格式”菜单中的“条件格式”，弹出对话框。

通过“添加”按钮可以设置三个条件，例如：将介于不同数值的单元格设置为不同的颜色、底纹等。

5.4.2 快速复制和粘贴格式

运用“格式刷”可以进行快速复制和粘贴操作。

5.4.3 字体、对齐、边框、图案和保护等

可以在“格式”菜单中选择“单元格”选项，对上述内容进行设置。

5.4.4 格式化行和列

方法一：用鼠标调整列宽和行高。

方法二：使用“格式”菜单改变“列宽”或“行高”，还可以设置背景图片。

5.5 Excel 图表的建立

5.5.1 简介

可以方便地生成图表，包括了内置的 15 种图表类型，其中 9 种为平面图，6 种为立体图。这其中的所有图表基本上是由数列所产生的，其主要功能是将数字转换为图形，更加简单明了地说明各个数据的含义。

在化工中的简单应用：

(1) 化工车间生产进度，产品销售信息，原材料需求信息等，采用柱状图、饼图。

(2) 在实验结果分析中，运用最多的是折线图。

5.5.2 图表编辑

在绘制图形之前必须将数据输入到 Excel 表中。绘制图表时第一列数据为 X 轴，第二及后面列的数据为 Y 轴。例如：某化工厂 2011～2015 年三种主要产品的销售数据见表 5.3 所示。

表 5.3 某化工厂主要产品销售情况

年　份	氢氧化钠/t	碳酸钠/t	氯化钠/t
2011	100	80	60
2012	120	100	90
2013	150	120	100
2014	130	160	130
2015	125	150	120

将销售数据填入 Excel 表中后即可进行绘图。

5.5.2.1 绘图方法

点击菜单栏中的“插入”，在其下拉菜单中选择“图表”，或者直接在工具栏中选择“图表向导”工具。弹出如图 5.12 所示对话框。选择柱形图或者折线图，点击下一步。

图 5.12 图表向导对话框（1）

如图 5.13 所示，弹出图表向导对话框（2），选择图表数据范围，点击下一步。

如图 5.14 所示，弹出图表向导（3）对话框，可输入图表标题、*X* 轴和 *Y* 轴名称，也可以不输入，直接点击下一步。

如图 5.15 所示，弹出图表向导（4）对话框，选择第二项作为图表直接插入，点击完成。

5.5.2.2 图形修改方法

选中要修改的图形，然后点击“右键”，即可对图表进行逐一修改，主要包括以下 5 个方面的内容：

（1）图表区格式修改，三方面格式修改：字体、图案（主要是设置边框、数据区域的填充颜色等）和属性等。

（2）图表类型：主要是对图表类型进行修改。

（3）数据源：主要是对生成图表的数据区域的更改和对系列的增加或删除。

（4）图表选项，主要是对标题、坐标轴、网格线、图例、数据标志、数据表修改等。

（5）位置放置。

注意点：对 *X* 轴、*Y* 轴的设置，可以双击 *X* 轴、*Y* 轴，然后对其修改，内容有以下几点：

（1）图案：设置坐标轴线形大小。

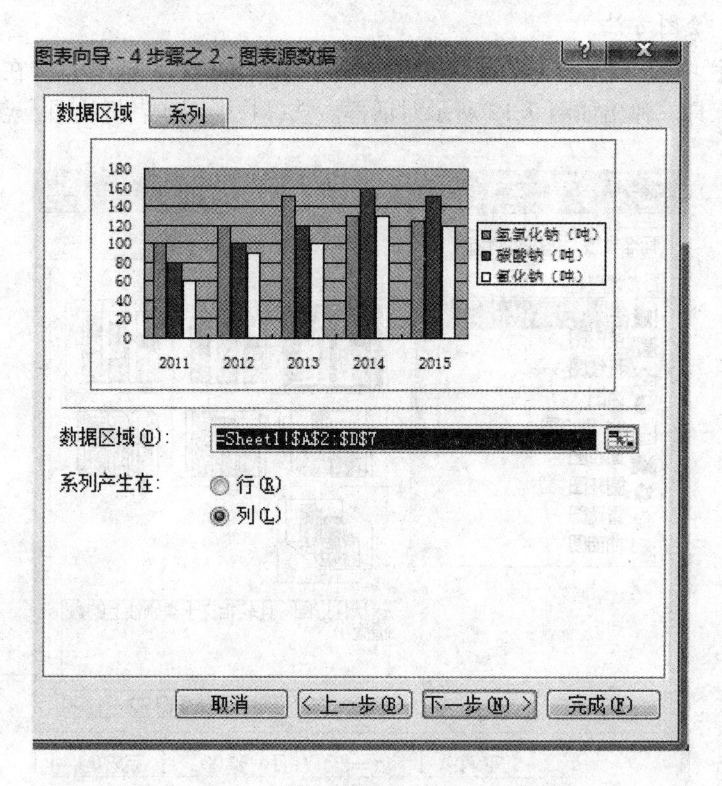

图 5.13　图表向导对话框（2）

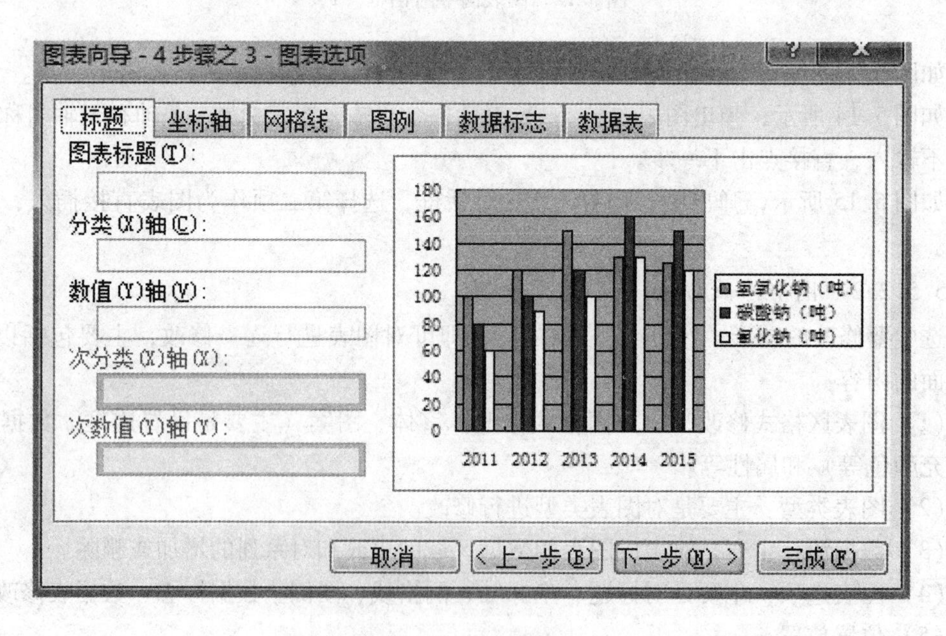

图 5.14　图表向导对话框（3）

（2）刻度：设置最大值、最小值，主要的刻度单位、次要的刻度单位、显示单位，*X* 轴交 *Y* 轴于什么位置等。

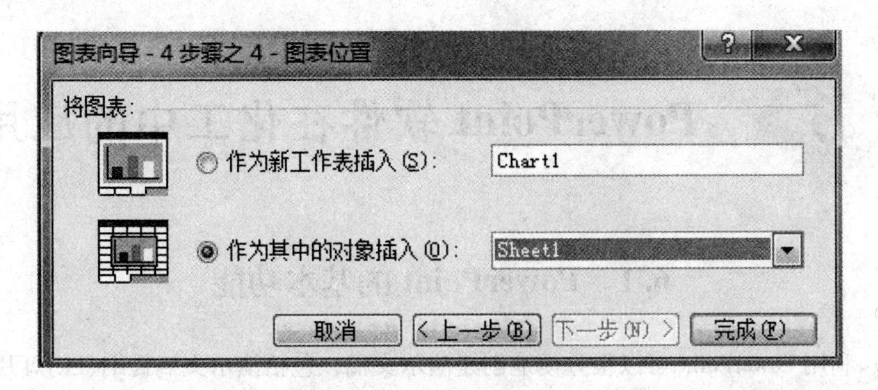

图 5.15　图表向导对话框（4）

（3）字体。

（4）数字类型设置：如常规、货币、日期等。

（5）对齐方式。

习　题

5-1　灵活应用 Excel 数据表格来记录和处理实验数据。

5-2　通过实验数据来绘制相对应的平面图。

5-3　见表 5.4 为不同直径下的锡粒与甲磺酸反应获得甲磺酸亚锡的实验结果，收率随时间的变化情况，请在 Excel 表中输入这些数据，并做成二维曲线图。

表 5.4　习题 5-3 表

时间/h	直径为 1mm	直径为 3mm	直径为 5mm	100 目锡粉
0.5	29.2	19.4	14.5	32.5
1.5	57.2	47.5	33.2	42.2
2.5	82.5	77.5	64.5	46.4
3.5	93.5	91.5	82.5	65.2
4.5	96.4	93.5	89.4	75.7
5.5	99.5	98.6	92.3	88.3
6.5	99.6	99.6	93.5	98.5
7.5			94.2	99.2
8.5			96.5	99.3
9.5			98.5	

6 PowerPoint 软件在化工中的应用

6.1 PowerPoint 的基本功能

（1）利用 PowerPoint 可以很方便地创建演示文稿，包括演示文稿提纲、幻灯片、发放给听众的材料以及演讲注释等。

（2）使用 PowerPoint，可以帮助人们成功地规划演讲中的每个观点，以及演讲中的每个条目。使用内容提示向导来建立演示文稿是非常快捷和方便的。用户按内容提示向导的提示信息键入自己的内容。为使创建的演示文稿更有影响力，用户可以在幻灯片中添加不同格式的新对象成分来润色和强化演示文稿。新的对象成分包括剪贴画、表格、图表、组织结构图和图形。在 PowerPoint 中创建一个图表非常方便，用户只要输入一组数据，PowerPoint 就会迅速将指定类型的图表绘制出来。创建完演示文稿后，还可以添加演讲注释，并可预览自己的演示文稿，然后再将它们保存在一个演示文稿文件中，以便日后打印或修改。

（3）利用 PowerPoint 创建的演示文稿具有除了上面所说的各种剪贴画、表格、图表、组织结构图和图形外，还可以插入各种声音、动画效果。同时还可以利用其各种模板及背景配色来强化幻灯片的播放效果。利用 PowerPoint 的超链接功能，还可以制作简单的网页。

（4）由于 PowerPoint 具有上面所说的强大幻灯片制作及播放功能，且简单易学，在化工信息发布、化工课程多媒体制作方面也具有广泛的应用前景。

以 PowerPoint 2003 版本为例，介绍了 PowerPoint 软件在化工中的应用。

6.2 PowerPoint 的基本概念和术语

6.2.1 演示文稿

演示文稿包含了演示时的幻灯片、发言者备注、概要、通报、录音等。PowerPoint 演示文稿有多种格式，每种格式的扩展名也不相同，具体见表 6.1。

表 6.1 文件保存格式

保存类型	扩展名	保存格式
演示文稿	. ppt	典型的 PowerPoint 演示文稿
Windows 图元文件	. rtf	存为图片的幻灯片
大纲/RTF	. rtf	存为大纲的演示文稿大纲
演示文稿模板	. pot	存为模板的演示文稿
PowerPoint 放映	. pps	以幻灯片放映方式打开的演示文稿

6.2.2 幻灯片

在 PowerPoint 演示文稿中每一页称为幻灯片；演示文稿由若干个幻灯片组成；制作 PPT 就是制作每一页的演示文稿。

6.2.3 版式

版式指幻灯片上对象的布局和位置，如标题、文本、图片、表格等的格式设置、位置摆放。PowerPoint 中包含了 9 种内置幻灯片版式，可以根据自身需要来选择版式。

6.2.4 模板

模板是为采用 PowerPoint 软件制作演示文稿者提供了基本的格式和外观设计，包含版式、主题颜色、主体字体、主体效果和幻灯片的背景图案。编辑者可以根据自身需要来选择模板。

6.2.5 母版

母版跟模板不同，它是指一张具有特殊用途的幻灯片，其中已经设置了幻灯片的标题和文本的格式及位置安排，其主要作用是统一文稿中包含的幻灯片格式。因此，对母版的修改会影响到所有基于该母版的幻灯片。

6.3 PowerPoint 的编辑

6.3.1 幻灯片的基本操作

6.3.1.1 文本的编辑和格式设置

（1）文本输入。可以插入文本框，然后在文本框中输入文字。也可以插入“图形”对象，然后在“图形”对象中添加文字。

（2）文本格式化。选中输入的对象，设置文字的格式、大小、颜色、行距等，设置图形的形状、线型种类、线型大小、填充颜色、三维效果等。

（3）段落的格式化。段落格式化包括：段落对齐设置，行距和段落间距，项目符号的设置。

6.3.1.2 对象及其操作

对象是幻灯片的基本组成。包括以下三类：

（1）文本对象主要是标题、项目列表、文字说明等。

（2）可视化对象主要是图片、剪贴画、图表等。

（3）多媒体对象主要是视频、声音、动画等。

对象的操作主要包括选择或取消对象、插入对象、删除对象。比如插入文本框、图片、自选图形、艺术字、表格和图表、音频和视频。

6.3.1.3 幻灯片的操作

A 选择幻灯片

在幻灯片浏览视图中或者普通视图的幻灯片选项卡中，在编辑时，利用鼠标可以选择某一张幻灯片。如果希望选择连续的多张幻灯片，可以先选择第一张，然后按住【Shift】键，再单击最后一张，则可以选择多张连续的幻灯片。如果希望选择不连续的多张幻灯片，可以先选择第一张，然后按住【Ctrl】键，再单击各个需要选择的幻灯片，则可以选择多张不连续的幻灯片。

B 添加与插入幻灯片

在幻灯片浏览视图中或者普通视图的幻灯片选项卡中，鼠标移到需要添加或插入幻灯片的位置，按右键，然后选择“新建幻灯片”，或者直接按【Enter】键，即可完成。

C 删除幻灯片

在幻灯片浏览视图中或者普通视图的幻灯片选项卡中，鼠标选中需要删除的幻灯片，按右键，然后选择“删除幻灯片”，或者直接按【Del】键，即可完成。

D 复制或粘贴幻灯片

在幻灯片浏览视图中或者普通视图的幻灯片选项卡中，鼠标选中需要复制的幻灯片，按右键，然后选择“复制”、“复制幻灯片”或者【Ctrl + C】键，即可完成复制。如果需要粘贴，则鼠标移到需要粘贴的位置，然后选择“粘贴”或者按【Ctrl + V】键，即可完成粘贴。

E 顺序重排

在幻灯片浏览视图中或者普通视图的幻灯片选项卡中，用鼠标选中需要移到的幻灯片，按住鼠标直接拖动。也可以利用“剪切”和“粘贴”来完成。

6.3.2 外观设计

外观设计对提升幻灯片的美观质量有很大作用。主要包括：母版、主题、背景和幻灯片的版式。

6.3.2.1 使用母版

母版可以统一幻灯片的基本格式，用于设置演示文稿中每张幻灯片的预设格式，包括每张幻灯片的标题及正文文字的位置、大小、项目符号的样式、背景、幻灯片版式等。可以分为幻灯片母版、讲义母版和备注母版。

6.3.2.2 使用主题

采用主题设置可以使每张幻灯片都具有统一风格，比如色调、字体格式、效果等。

6.3.2.3 设置幻灯片背景

利用 PowerPoint 的“背景样式”功能，可设计幻灯片的背景颜色或填充效果，并将其应用于指定的某页幻灯片或者演示文稿中的所有幻灯片。

6.3.2.4 使用幻灯片版式

刚新建一个演示文稿时，软件会让用户先选择版式，用户可以根据自己的喜好选择合适的版式，然后再进行文档编辑。在创建演示文稿后，如果发现版式不合适，则可以更改。

6.4 PowerPoint 的放映

在放映之前，必须对幻灯片进行效果设置。具体设置包括设置动画效果、切换效果、放映时间等。利用动画和切换效果往往能增加雅趣和观看效果。

利用“动画”选项卡设置动画效果、图片进出方式等，通过切换效果设置各幻灯片之间的转换方式，利用超链接设置显示效果，利用多媒体技术关联视频和动画。完成了各种设置后即可放映。通常情况下，打开演示文稿后，只需要利用快捷键 F5 或者在“幻灯片放映”菜单中选择“观看反映”即可完成。但是有时候，也需要对放映进行调整，比如调整幻灯片顺序、选择性播放幻灯片。

6.4.1 调整幻灯片顺序

方法：在大纲视图选中幻灯片，用鼠标进行上下拖拉。如果幻灯片是“展开”的，可以选择“折叠”，方法是在大纲视图中，按右键即可实现。

6.4.2 自定义放映

有时候为了节省时间，挑一些重要的幻灯片来讲解，则需要自定义放映。

具体操作步骤：

(1) 单击“幻灯片”菜单中的“自定义放映”，弹出如图 6.1 所示的框，再单击“新建”。

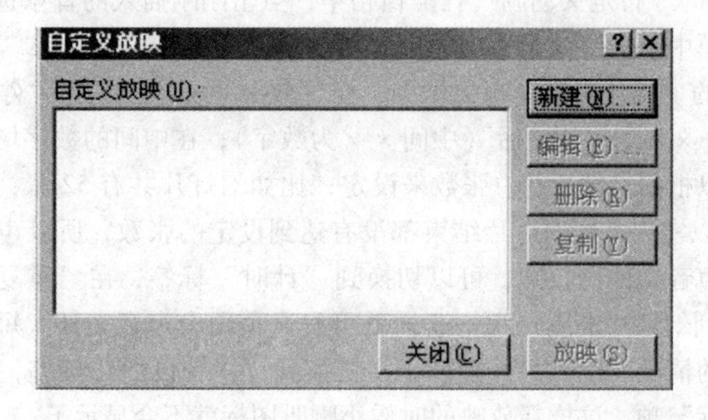

图 6.1 自定义放映 (1)

(2) 在“在演示文稿中的幻灯片”列表框中选取要添加到自定义放映的幻灯片，再单击“添加”。如果要选择多张幻灯片，请在选取幻灯片时按下 CTRL 键，如图 6.2 所示。

(3) 如果要改变幻灯片显示次序，请在“在自定义放映中的幻灯片”列表框中选择幻灯片，然后使用箭头将幻灯片在列表内上下移动。

(4) 在“幻灯片放映名称”方框中输入名称，再单击“确定”。

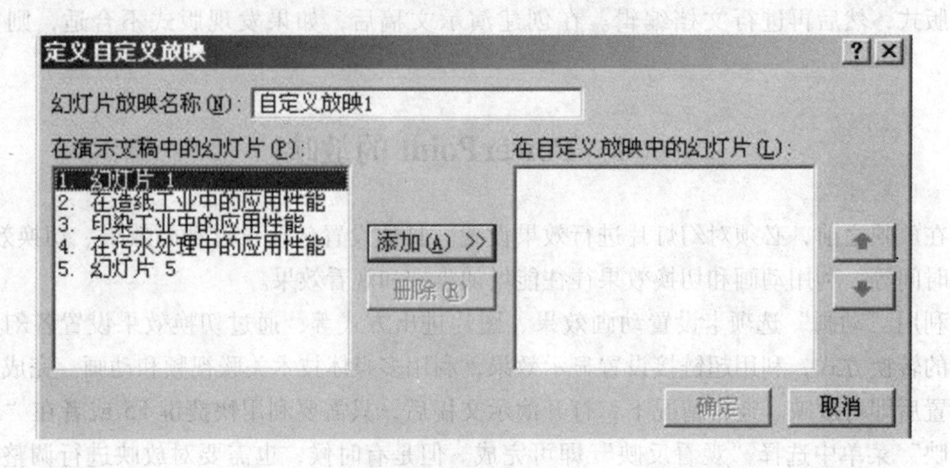

图6.2 自定义放映（2）

6.5 其他小技巧

6.5.1 添加背景音乐

6.5.1.1 *方法一*

（1）依次点击“插入—影片和声音—文件中的声音”，在出现的“插入声音”对话框中选中要作为背景音乐的文件，然后单击“确定”，在弹出的对话框中点击“自动”按钮插入音乐对象。

（2）用鼠标右键单击插入的声音对象（喇叭图标），在弹出的快捷菜单中选择“自定义动画”，在出现的“自定义动画”任务窗格中，点击刚刚插入的音乐选项右侧的下拉箭头，在出现的菜单中单击“效果选项”。

（3）在弹出的“播放声音”对话框中，在“效果”标签中，在“停止播放”项下面选中“在（F)：××张幻灯片之后”(中间××为数字)，在中间的数字增减框中输入适当的数字。数字可以根据幻灯片的总张数来设定，比如幻灯片共有52张，那么你可以设定为53，这样就可以实现直到幻灯片结束都没有达到设定的张数，所以声音也就不会停止了。如果插入的声音文件比较短，可以切换到“计时”标签，在“重复”后面的下拉列表框中选中“直到幻灯片末尾”项，这样就可发避免因为声音文件太短，导致演示到后来没有背景音乐的情况发生。另外别忘了，切换到“声音设置”标签，勾选“幻灯片放映时隐藏声音图标”项，这样在放映的时候小喇叭图标就不会显示了。

（4）这时再放映幻灯片试试，是不是实现了背景音乐的功能。

6.5.1.2 *方法二*

（1）在要使用背景音乐的幻灯片起始处依次点击“幻灯片放映—幻灯片切换”。

（2）在出现的“幻灯片切换”任务窗格中，点击“声音”选项右边的下拉箭头，在出现的列表框中点击“其他声音...”。

（3）在出现的“添加声音”对话框中，选中要作为背景音乐的声音文件，然后单击

"确定"按钮，再回到"幻灯片切换"任务窗格中勾选"循环播放，到下一声音开始时"选项。

（4）放映幻灯片，背景音乐功能实现。

6.5.1.3 两种方法主要区别

两种方法主要区别有以下两点：

（1）第一种方法支持较多类型的声音格式文件，但声音文件并没有内嵌到文档当中，因此要将文档移动到别的机器上时，对应的音乐文件也要移动，且相对路径不能错，因此建议采用此方法的同时将背景音乐文件和文档放在同一目录，这样便于移动后不容易出错。

（2）第二种方法目前仅支持 .wav 类型的声音文件，因此会造成完成后的文档相对较大，但好处也是很明显的，设置成功后，PowerPoint 会自动将声音文件内嵌进去，这样即使将文档移动到别的机器上，也不用担心背景音乐出现问题。

6.5.2 添加页眉和时间

有时候，经常需要在幻灯片中添加日期和时间，而且设置页眉和页脚。

方法：首先将插入点移动到需要插入日期或时间的幻灯片的相关位置，然后选择"插入"菜单中的"日期与时间"选项，在弹出的对话框中选定一种表示方式，最后单击"应用"按钮即可。

只要在该对话框中选择"自动更新"复选框的话，就可以让添加的日期和时间随系统自动更新。

6.5.3 在幻灯片中查找属性

幻灯片中包含的字数和幻灯片张数的统计，可以通过查找属性获得这些信息。

只需要单击"文件"菜单下的"属性"选项，在弹出的对话框中单击"统计"选项卡，在"统计信息"列表中即可查看。

6.5.4 给图片加上文字说明

方法：左下方的"自选图形"按钮，在弹出的菜单中选择"标注"选项，同时在标注列表中选择一种合适的标注框类型。然后把鼠标移到需添加文字说明的区域，按下鼠标左键拖动出标注框，并在其中输入文字说明。如果需要改变它的大小，可以选中标注框，把鼠标指针移到相应控点上，当它变成双向箭头的时候，按住鼠标左键，拖动该双向箭头即可调整标注框的大小。

6.5.5 指针及画笔使用

只需要在播放演示文稿的同时，单击鼠标右键，在弹出的快捷菜单中选择"指针选项"中的"画笔"选项，此时指针会自动地变成一枝画笔的形状，按住鼠标左键，就可以随意书写文字了。如果要结束该项操作，可以直接按"Esc"键退出，幻灯片会继续播放。

6.5.6 合并多个演示文稿

有时候需要把多个幻灯片演示文稿合并，并且希望它们分别保持原有的风格。

首先打开需要合并的某一个演示文稿，然后单击“工具”菜单栏的“比较并合并演示文稿”选项，在弹出的对话框中选择要与之合并的另一个演示文稿并单击“合并”按钮，接着按提示单击“继续”按钮，操作完成后即可实现两个文稿的合并。

6.5.7 整齐排列多个对象

当在某张幻灯片上插入了多个对象，希望用鼠标拖动的方式能让它们间隔均匀地排列整齐。

首先用鼠标右键单击工具栏任意位置，在弹出的工具栏选择列表中选中“绘图”以调用出绘图工具栏。然后，按住“Ctrl”键不放的同时，依次单击需要排列的对象，再选择绘图工具栏最左边的“绘图”按钮，单击“对齐或分布”选项，最后在排列方式列表中任选一种合适的排列方式即可实现多个对象间隔均匀地整齐排列。

6-1 利用 PowerPoint 制作化工网页，灵活运用超链接。

6-2 做一个关于个人简历的演示文稿，至少 10 页，要求：要插入声音，图片，背景配色，版式设置，插入页眉页脚等设置。

7 Aspen Plus 软件在化工中的应用

7.1 Aspen Plus 简 述

7.1.1 化工过程模拟简述

过程模拟就是使用计算机程序定量计算一个化学过程的特征方程。其主要过程是根据化工过程的数据，采用适当的模拟软件，将由多个单元操作组成的化工流程用数学模型描述，模拟实际的生产过程，并在计算机上通过改变各种有效条件得到所需要的结果。模拟涉及的化工过程中的数据一般包括进料的温度、压力、流量、组成，有关的工艺操作条件、工艺规定、产品规格以及相关的设备参数。

化工过程模拟是在计算机上“再现”实际的生产过程。但是这一“再现”过程并不涉及实际装置的任何管线、设备以及能源的变动，因而给了化工过程模拟人员最大的自由度，使其可以在计算机上“为所欲为”地进行不同方案和工艺条件的探讨、分析。因此，过程模拟不仅可节省时间，也可节省大量资金和操作费用；同时过程模拟系统还可对经济效益、过程优化、环境评价进行全面的分析和精确评估；并可对化工过程的规划、研究与开发及技术可靠性做出分析。

化工过程模拟可以用来进行新工艺流程的开发研究、新装置设计、旧装置改造、生产调优以及故障诊断，同时过程模拟还可以为企业装置的生产管理提供可靠的理论依据，是企业生产管理从经验型走向科学型的有力工具。

7.1.1.1 化工过程模拟的功能

工艺流程模拟软件主要应用于以下几个方面：

（1）工艺流程的合成与优化。在工艺流程的合成中，首先是从定性分析中合成几个初始的工艺流程，要定量的判断它们的优劣，还必须作全流程的物料衡算和能量衡算以及各单元设备的衡算才能得出结论。没有模块软件，要完成如此复杂的运算过程，不仅在短时间内难以取得运算结果，而且运算过程也十分繁难，如果按前述经验方法定性地来筛选流程方案，对于少数简单的方案评比还可以，如果方案多而复杂，要取得可靠的定量结果，则一定要通过模块软件计算。

（2）工艺参数的优化。运用模块软件运算进行工艺参数优化是十分方便的。只要建立的数学模型能等效地模拟实际生产过程，在计算机上对工艺参数寻优，就会收到快速而全面的效果。这样不仅可以取代大量的试验工作，而且参数的变化范围可以扩大，试验结果的精确度也不会受人为检测的干扰。

（3）解决工艺流程中的“瓶颈" 现象。当生产中由于原料品种的改变，公用工程条件的变化，或者对产品数量和质量要求的改变，以及原设计考虑的不周全等原因，造成工艺流程中某一工序或设备的生产能力不能和其他工序相匹配而成为全流程运行中的薄弱环节，形成一种“瓶颈”现象。要解决“瓶颈”问题，不是单纯凭定性分析可以解决的，必须对各工序生产能力的协调与配合作全面计算，拿出定量数据，才能拟定脱除“瓶颈”的合理方案，如果运用模块软件在计算机上运算，则十分方便。

(4) 研究设计存在的问题和操作问题。把工艺流程模块软件可以看成是具有各种单元设备的试验装置，能用不同状态的物流或操作参数输入而取得不同的过程运行结果，通过这样的试验即可发现设计不当或操作参数设定不当的问题，以便及时进行调整。

(5) 对设计和操作参数的灵敏度进行分析。在设计工艺流程时，对所采用的数学模型参数和一些物性数据取值往往不够精确，而在确定操作参数时又不能估计受外界干扰而使操作参数取值也不够准确。为了保证工艺流程的优化，应对各种参数作灵敏度分析，以确定正确的参数取值。

(6) 参数拟合。凡高水平的工艺流程模块软件的数据库，都具有参数拟合的功能。这种功能是指定函数形式，当输入试验数据或者生产数据后，该模拟软件就能自动回归出函数式中的各个待确定的系数。

总之，随着数学模型和电子计算机的应用，工艺流程模块软件的应用也愈来愈普遍。在化工过程开发的研究阶段，可以用它来评价和筛选各种工艺路线；在基础设计阶段，可以用它来优化工艺流程的结构和工艺参数；在工艺装置投产运行后，还可以用它调优，改进操作和调整操作参数。

7.1.1.2 化工过程模拟系统构成

序贯法模块软件由执行程序、物性数据库、算法子程序、成本和经济评价指标、单元操作模块等部分组成。

A 执行程序

执行程序即“主控模块”。它的任务是：

(1) 检查输入数据是否在允许的范围以内，输入的变量是否是与单元设备物料衡算有关的变量，以及流股编号是否在单元设备中被重复使用了等，并将输入数据送至相应的单元模块。

(2) 决定计算次序。执行程序可自动将流程分割成独立的运算部分。各部分之间应无循环物流或其他反馈信息。

(3) 向单元模块传递计算所需要的物流数据和模型参数，同时贮存单元模块计算所产生的各种信息。

(4) 判别循环物流或热流的计算是否收敛，并识别不同单元模块的数据和数据量。

B 物性数据库

物性数据库包括了各种物性数据和计算物性数据的子程序。它在工艺流程模拟计算中有重要作用。因为工艺流程模块计算所需的物性数据都来源于它，而且模块计算精度在一定程度上受到物性数据精度的影响。因此，物性数据库是否能快速而精确地向单元模块传递所需所有的物性数据，是评价工艺流程模块软件优劣的重要指标之一。

C 算法子程序

算法子程序是求解线性和非线性方程的计算程序。例如数值解法、稀疏代数方程组解法、最优化算法、回归拟合参数法、插值法以及各种迭代方法等都可编成计算机运算程序，供工艺流程模块运算选用。

D 成本和经济评价指标

成本和经济评价指标是工艺流程优化的指标。在工艺流程模块软件中，应把投资、成本以及其他经济评价指标的估算公式与工艺流程模块软件连接在一起。以便在计算机上进行建设投资、生产操作费用、经营成本和盈利等经济指标的计算。

E 单元操作模块

在化工工艺流程中，总有化学反应、加热或冷却、加压或减压、结晶与过滤、物料流股的分流或汇合，以及精馏、吸收、萃取、蒸发、干燥等单元操作中的一些操作。每一个单元操作，都可以用一个相应的模块表示。模块的数学模型则为物料平衡方程式、能量平衡方程式、动量平衡方程式、相平衡方程式以及反应速率方程式等组成。根据输入单元模块物料流和能量流的变量，结合数据库提供的物性数据，就可以求解单元模块的数学模型，获得单元模块输出物料流和能量流的结果和单元操作状态。

7.1.2 Aspen Plus 简介

Aspen Plus 是一款功能强大的集化工设计、动态模拟等计算于一体的大型通用过程模拟软件。它起源于 20 世纪 70 年代后期，当时美国能源部在麻省理工学院（MIT）组织会战，要求开发新型第三代过程模拟软件，这个项目称为“先进过程工程系统”(Advanced System for Process Engineering，简称 ASPEN)。这一大型项目于 1981 年底完成。1982 年 AspenTech 公司成立，将其商品化，称为 Aspen Plus。这一软件经过历次的不断改进、扩充和提高，成为全世界公认的标准大型化工过程模拟软件。

Aspen Plus 是基于稳态化工模拟、优化、灵敏度分析和经济评价的大型化工过程模拟软件，为用户提供了一套完整的单元操作模块，可用于各种操作过程的模拟及从单个操作单元到整个工艺流程的模拟。全世界各大化工、石化生产厂家及著名工程公司都是 Aspen Plus 的用户。它以严格的机理模型和先进的技术赢得广大用户的信赖。

Aspen Plus 是工程套件的核心，可广泛地应用于新工艺开发、装置设计优化，以及脱瓶颈分析与改造。此稳态模拟工具具有丰富的物性数据库，可以处理非理想、极性高的复杂物系；并独具联立方程法和序贯模块法相结合的解算方法，以及一系列拓展的单元模型库。此外还具有灵敏度分析、自动排序、多种收敛方法，以及报告等功能。

7.1.2.1 Aspen Plus 主要组成部分

Aspen Plus 主要由以下三部分组成。

A 物性数据库

Aspen Plus 具有工业上最适用且完备的物性系统，其中包含多种有机物、无机物、固体、水溶电解质的基本物性参数。Aspen Plus 计算时可自动从数据库中调用基础物性进行热力学性质和传递性质的计算。此外，Aspen Plus 还提供了几十种用于计算传递性质和热力学性质的模型方法，其含有的物性常数估算系统（PCES）能够通过输入分子结构和易测性质来估算缺少的物性参数。

B 单元操作模块

Aspen Plus 拥有 50 多种单元操作模块，通过这些模块和模型的组合，可以模拟用户所需要的流程。除此之外，Aspen Plus 还提供了多种模型分析工具，如灵敏度分析模块。利用灵敏度分析模块，用户可以设置某一操纵变量作为灵敏度分析变量，通过改变此变量的值模拟操作结果的变化情况。

C 系统实现策略

对于完整的模拟系统软件，除数据库和单元模块外，还应包括以下几部分：

(1) 数据输入 Aspen Plus 的数据输入是由命令方式进行的，即通过三级命令关键字书写的语段、语句及输入数据对各种流程数据进行输入。输入文件中还可包括注解和插入的 Fortran 语句，输入文件命令解释程序可转化成用于模拟计算的各种信息，这种输入方式使得用户使用软件特别方便。

(2) 解算策略 Aspen Plus 所用的解算方法为序贯模块法以及联立方程法，流程的计算顺序可由程序自动产生，也可由用户自己定义。对于有循环回路或设计规定的流程必须迭代收敛。

(3) 结果输出可把各种输入数据及模拟结果存放在报告文件中，可通过命令控制输出报告文件的形式及报告文件的内容，并可在某些情况下对输出结果作图。

7.1.2.2 Aspen Plus 主要功能

Aspen Plus 可用于多种化工过程的模拟，其主要的功能具体有以下几种：

(1) 对工艺过程进行严格的质量和能量平衡计算。

(2) 可以预测物流的流量、组成以及性质。

(3) 可以预测操作条件、设备尺寸。

(4) 可以减少装置的设计时间并进行装置各种设计方案的比较。

(5) 帮助改进当前工艺，主要包括可以回答"如果……，那会怎么样"的问题，在给定的约束内优化工艺条件，辅助确定一个工艺的约束部位，即消除瓶颈。

7.1.2.3 Aspen Plus 界面简介

Aspen Plus V8.8 及以上版本采用新的通用的"壳"用户界面，这种结构已被 Aspen Tech 公司的其他许多产品采用。"壳"组件提供了一个交互式的工作环境，方便用户控制显示界面。Aspen Plus 的模拟环境界面如图 7.1 所示。

功能区（Ribbon）包括一些显示不同功能命令集合的选项卡，还包括文件菜单和快捷访问工具栏。文件菜单包括打开、保存、导入和导出文件等相关命令。快捷访问工具栏包括其他常用命令，如取消、恢复和下一步。无论激活哪一个功能区选项卡，文件菜单和快捷访问工具栏总是可以使用的。

导航面板（Navigation Pane）为一个层次树，可以查看流程的输入、结果和已被定义的对象。导航面板总是显示在主窗口的左侧。

Aspen Plus V8.8 包含 4 个环境：物性环境、模拟环境、安全分析和能量分析环境。其中，物性环境包含所有模拟所需的各种数据，用户可定义组分、物性方法、化学集、物性集，并可进行数据回归、物性估算和物性分析；模拟环境包含流程和流程模拟所需的窗体和特有功能；安全分析环境包含用于安全分析的窗体和功能；能量分析环境包含用于优化工艺流程以降低能耗的窗体。

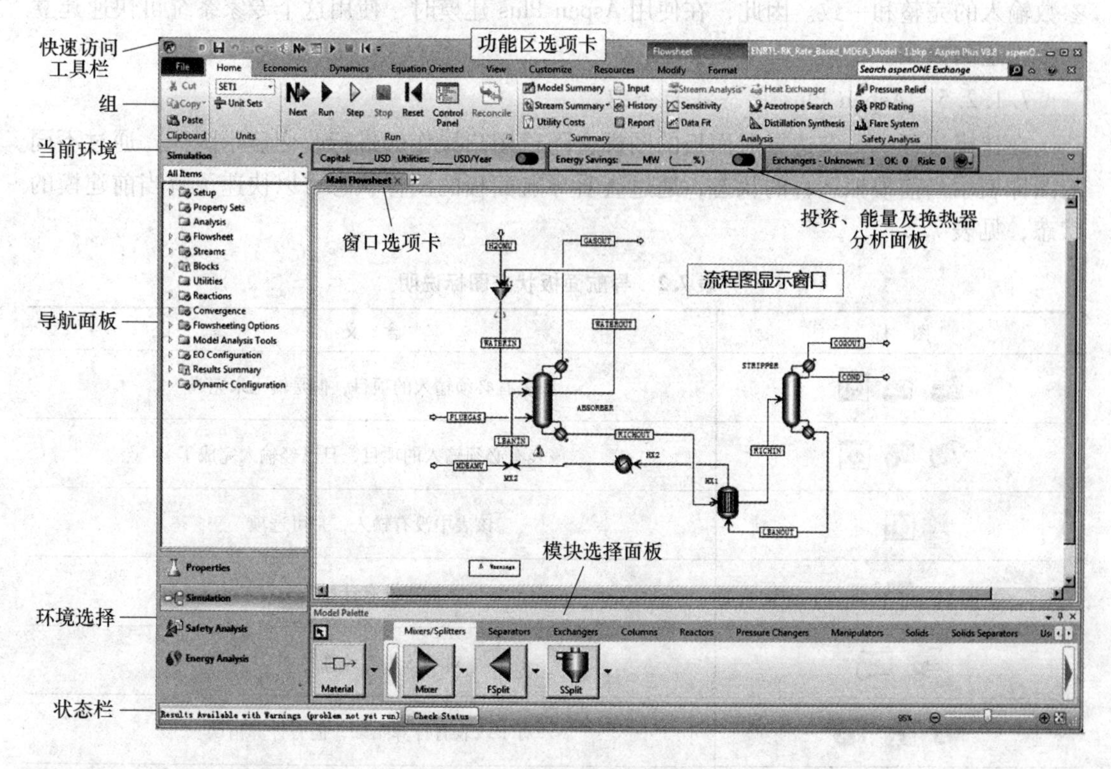

图 7.1 Aspen Plus 主界面

7.1.2.4 Aspen Plus 主要功能按钮

在 Home 选项卡中的 Run 组按钮，是使用频率较高的按钮，主要功能及说明见表 7.1。

表 7.1 Aspen Plus 主要按钮介绍

图 标	说 明	功 能
Next	下一步（专家系统）(Next)	指导用户进行下一步的输入
Run	开始运行（Run）	输入完成后，开始计算
Reset	初始化（Reset）	不使用上次的计算结果，采用初值重新计算
Control Panel	控制面板（Control Panel）	显示运行过程，并进行控制

在表 7.1 中的 Aspen Plus 中 Next（专家系统）是一个非常有用的工具，它可以通过显示信息，指导用户完成模拟所需的或可选的输入、指导用户下一步需要做什么和确保用户

参数输入的完整和一致。因此，在使用 Aspen Plus 建模时，使用这个专家系统可快速建立一个完整的模型。

7.1.2.5 Aspen Plus 状态符号介绍

在建模过程中，左边导航面板的图标会随着用户操作的进行改变显示图标，通过不同的图标表示当前模拟运行的状态，通过查看导航面板的图标状态可以快速了解当前建模的状态，见表 7.2。

表 7.2 导航面板状态图标说明

图 标	含 义
	该表有必须输入的项目，但是输入未完成
	该表有必须输入的项目，且已经输入完成了
	该表中没有输入，是可选项
	该表还没有计算结果
	对于该表有计算结果
	对于该表有计算结果，但有计算错误
	对于该表有计算结果，但有计算警告
	对于该表有计算结果，但生成结果后输入发生改变

7.2 Aspen Plus 操作流程

7.2.1 软件启动

启动 Aspen Plus：依次点击开始→程序→所有程序→Aspen Tech→Process Modeling V8.8→Aspen Plus→Aspen Plus 8.8，点击 File | New 或者使用快捷键 Ctrl + N 新建模拟流程。进入到模板选择对话框中，系统会提示用户建立空白模拟（Blank Simulation）、使用系统模板（Installed Templates）或者用户自定义模板（My Templates…）。如图 7.2 所示。

模板设定了工程计算通常使用的缺省项，这些缺省项一般包括测量单位、报表中包含的物流组成信息和性质、物流报表格式、自由水选项默认设置、物性方法以及其他特定的应用。对于每个模板，用户可以选择使用公制或英制单位，也可以自行设定常用的单位，其中，ENG 和 METCBAR 分别为英制单位模板和公制单位模板默认的单位集。一般选用 Blank Simulation。

选择需要的模板之后，点击 Create 按钮，就可以新建一个流程模拟，且界面也进入 properties 物性环境中。

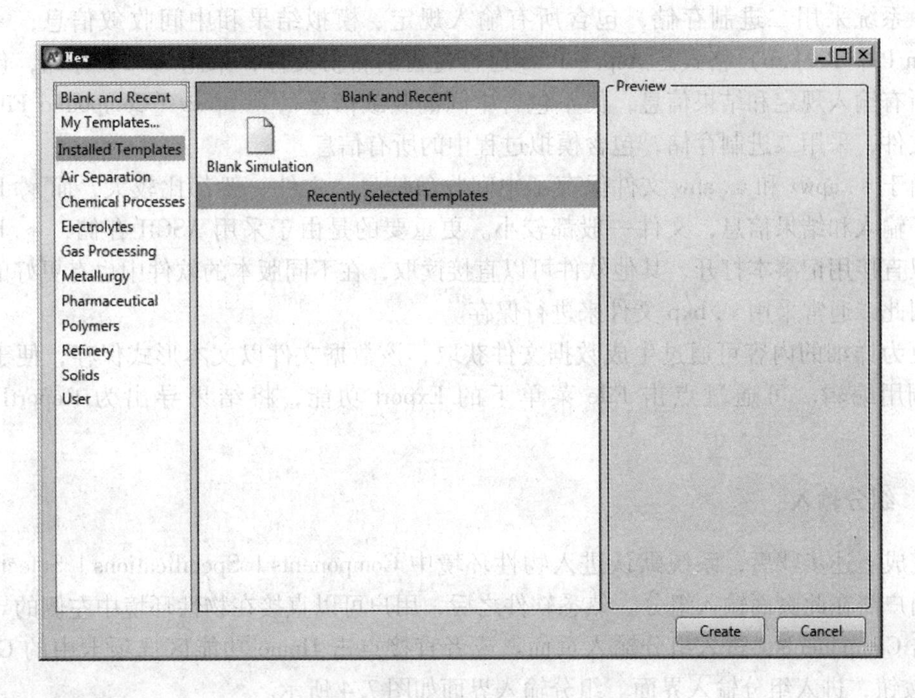

图 7.2 Aspen Plus 模板选择界面

7.2.2 文件保存

在输入数据之前，为防止输入的数据丢失，一般先将文件保存。点击 File | SaveAs，选择保存文件类型、存储位置，文件名称，点击保存即可，如图 7.3 所示。

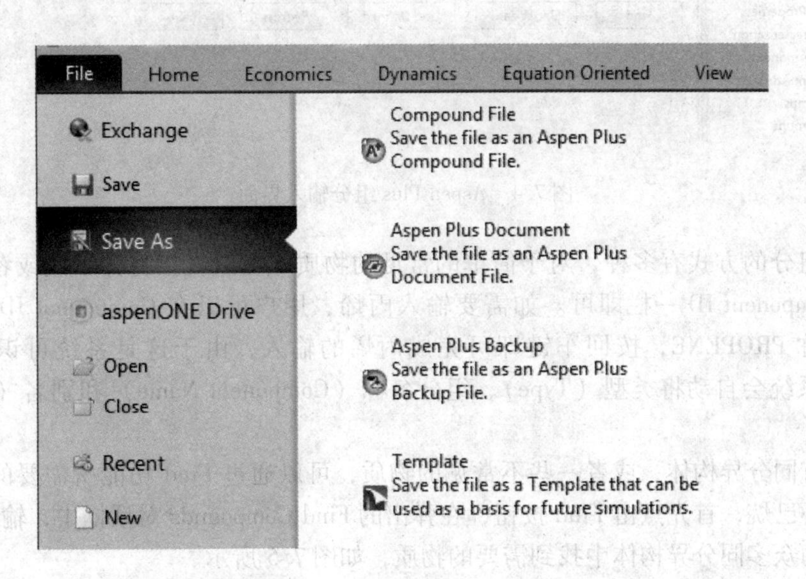

图 7.3 Aspen Plus 文件保存

系统设置了三种文件保存类型，其中 *.apw（Aspen Plus Document）格式是一种文档文件，系统采用二进制存储，包含所有输入规定、模拟结果和中间收敛信息；＊.bkp（Aspen Plus Backup）格式是 Aspen Plus 运行过程的备份文件，采用 ASCⅡ存储，包含模拟的所有输入规定和结果信息，但不包含中间的收敛信息；＊.apwz（Compound File）是综合文件，采用二进制存储，包含模拟过程中的所有信息。

由于＊.apwz 和＊.apw 文件保存了中间收敛信息，文件一般都比较大，而＊.bkp 仅包含了输入和结果信息，文件一般都较小。更重要的是由于采用 ASCII 存储，＊.bkp 文件可以直接用记事本打开，其他软件可以直接读取，在不同版本的软件中也有更好的兼容性。因此，通常采用＊.bkp 文件来进行保存。

更为详细的内容可通过生成数据文件获取，该数据文件以文本形式保存，便于其他软件调用编辑。可通过点击 File 菜单下的 Export 功能，将结果导出为 ReportFile 来实现。

7.2.3 组分输入

完成上述步骤后，系统默认进入物性环境中 Components | Specifications | Selection 界面，用户需在此页面输入组分。熟悉软件之后，用户可以直接在物性环境中左侧的导航面板点击 Components，进入组分输入页面。或者直接点击 Home 功能区选项卡中的 Components 按钮，进入组分输入界面。组分输入界面如图 7.4 所示。

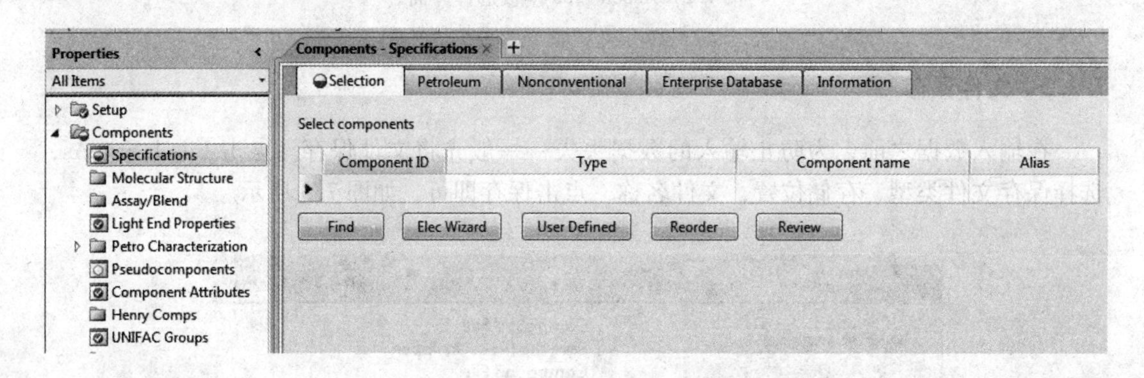

图 7.4 Aspen Plus 组分输入界面

输入组分的方式有多种，对于简单的常见的物质，可以直接将分子式或者英文名称输入到 Component ID 一栏即可。如需要输入丙烯，用户可以在 Component ID 一栏输入丙烯的名称 PROPENE，按回车键即可完成丙烯的输入，由于这是系统可识别的组分 ID，所以系统会自动将类型（Type）、组分名称（Component Name）和别名（Alias）栏输入。

对于有同分异构体，或者一些不常见的物质，可以通过 Find 功能所需要的物质。如需要输入环已烷，首先点击 Find 按钮，在弹出的 Find Compounds 对话框中，输入 C6H12，在搜索到的众多同分异构体中找到需要的物质，如图 7.5 所示。

找到对应组分后，双击该组分或者选中之后点击“Add selected compounds”即可把选中的物质加入到模拟文件中。

需要注意的是，Component ID 用户可以修改，最多可输入 8 个字符，不影响计算。

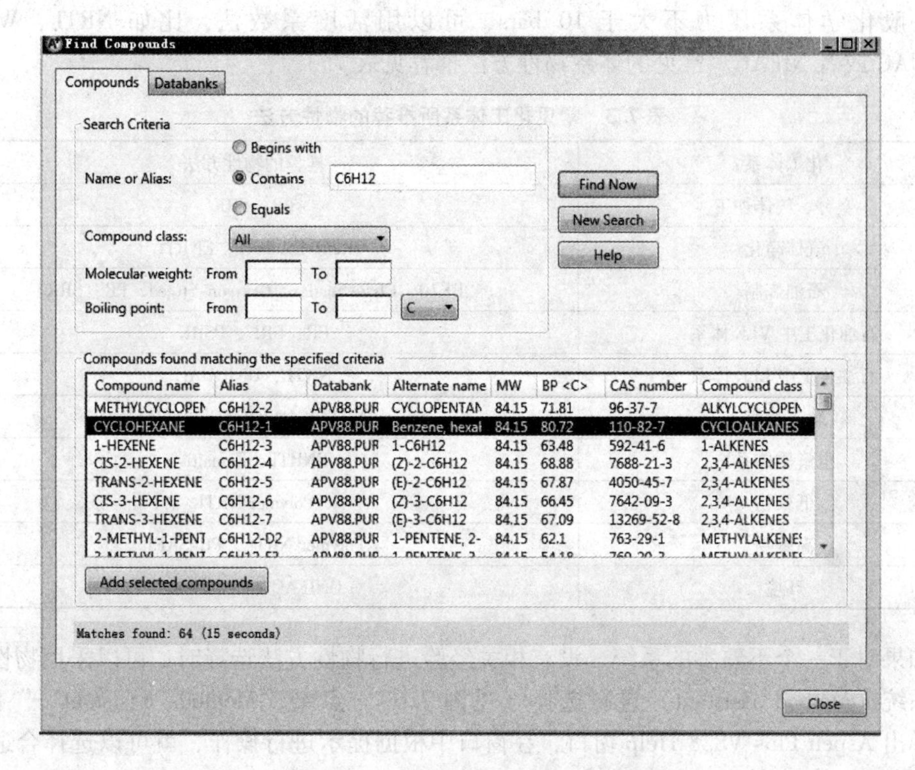

图 7.5 通过查找方式输入组分

7.2.4 物性方法选择

输入完成组分之后，点击 Next 按钮即可进入物性方法设置界面。或者直接点击 Home 功能区选项卡中的 Methods 按钮，进入 Methods | Specifications | Global 页，进行物性方法的选择。物性方法的选择是模拟的一个关键步骤，对于模拟结果的准确性至关重要，比如，液相物质就不能使用维里方程或者 RK 方程，液液不相容体系不能使用 Wilson 方程。

Aspen Plus 具有一套完整的基于状态方程和活度系数方法的物性模型，有 100 余种热力学方法可供选择。在众多的物性方法中，有两种选择原则，一是可以根据经验进行选择，即根据物系的特点和操作温度、压力进行选择；二是根据 Aspen Plus 的帮助系统进行选择。

一般而言，对于常见的烃类如烷，烯，芳香族，无机气体如 O_2、N_2 等非（弱）极性的化合物，选用状态方程法；对于极性强的化合物，如水-醇，有机酸体系选用活度系数法。另外对于汽相聚合的物质，应选用特别的活度系数法，可以计算汽相聚合效应。对于无机电解质体系，选用 elecnrtl 物性方法。

一般化学体系压力大于 10 bars 时，可以采用带有高级混合规则的状态方程，比如 Wong-Sandler，MHV1，MHV2 或者 Mathias-Klotz-Prausnitz 混合规则。其他可以选的有 SR-POLAR，PRWS，RKSWS，PRMVH2，RKSMVH2，SRK，PSRK，HYSGLYCO 等。为了获得最好的结果很多状态方程需要二元相互作用参数。如果你不知道二元相互作用参数，就用 SR-POLAR 或 PSRK 这些带预测性的状态方程。对于制冷剂来说最好用 REFPROP。

一般化学体系压力不大于 10 bars，可以用活度系数法，比如 NRTL，Wilson，UNIQUAC 或者 NIFAC。常见的体系物性方法推荐见表 7.3。

表 7.3　常见化工体系所推荐的物性方法

化工体系	推荐的物性方法
空分、气体加工	PR，SRK
气体净化	Kent-Eisnberg，ENRTL
石油炼制	BK10，Chao-Seader，Grayson-Streed，PR，SRK
石油化工中 VLE 体系	PR，SRK，PSRK
石油化工中 LLE 体系	NRTL，UNIQUAC
化工过程	NRTL，UNIQUAC，PSRK
电解质体系	ENRTL，Zemaitis
低聚物	Polymer NRTL
高聚物	Polymer NRTL，PC-SAFT
环境	UNIFAC + Henry'Law

如果对于一个不熟悉的系统，没有相关经验进行物性方法选择时，可以采用物性方法辅助系统（Method assistant）进行选择（见图 7.6）。点击“Methods Assistant…”按钮，可以弹出 Aspen Plus V8.8 Help 窗口，在窗口中根据提示进行操作，就可以选择合适的物性方法。

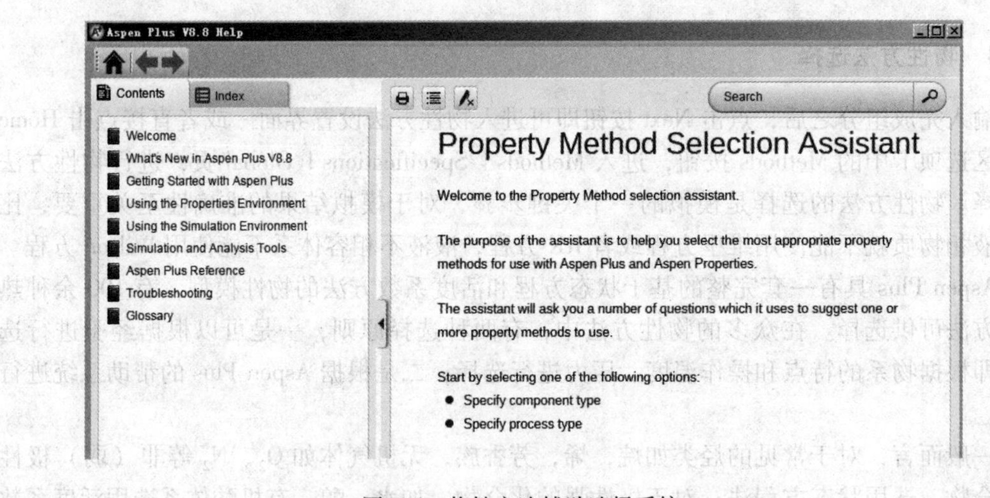

图 7.6　物性方法辅助选择系统

7.2.5　全局设定输入

输入组分和选择物性方法后，即可进入 simulation 环境进行流程图的搭建以及模拟数据的输入。点击 Next 按钮，出现如图 7.7 所示的 Properties Input Complete 对话框，选择 Go to Simulation environment，点击 OK，可以进入模拟环境中，或者直接通过环境选择区中，选择 simulation 环境，也可进入模拟环境。

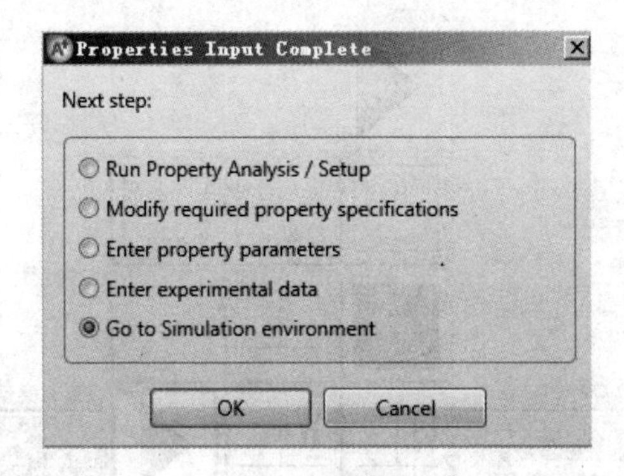

图 7.7　信息提示

进入模拟环境后，通过左侧的导航面板可以进入 Setup | Specifications | Global 页面来进行模拟的全局设置。用户可以在全局规定页面中的 Title（名称）框中为模拟命名，用户还可以在此界面选择全局单位制、更改运行类型（稳态或动态），修改有效相态等，如图 7.8 所示。

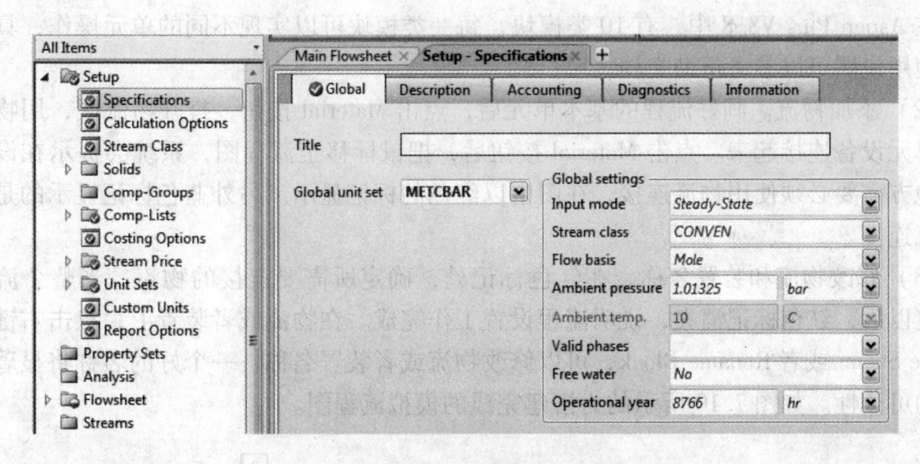

图 7.8　全局设置界面

全局设置界面默认是已经输入完成的，用户可以默认所有的选项，大部分设置工作在选择模板时，模板中已经有相应的设置内容。输入过程中，鼠标放置到输入框时，鼠标下方会有相应的说明和提示，用户也可以通过 F1 键打开帮助文件寻求帮助。

7.2.6　流程搭建

在输入完全局设置之后，用户可以返回到流程图界面建立模拟的流程，建立流程图可以按照如下步骤进行：

（1）选定合适的单元模块，放到流程区中去。根据不同的需求，从界面主窗口下端的模块选项板 Model Palette 中点击需要的模块的类别，在模块类别中再点击相应的模拟模块，然后移动鼠标至窗口空白处，点击左键放置模块，如图 7.9 所示。如果设备的默认图标不能满足要求，可以点击模块旁边的下拉箭头，选择其他图标（同一模块的不同图标在功能上没有差异，只是在流程图显示上有区别）。

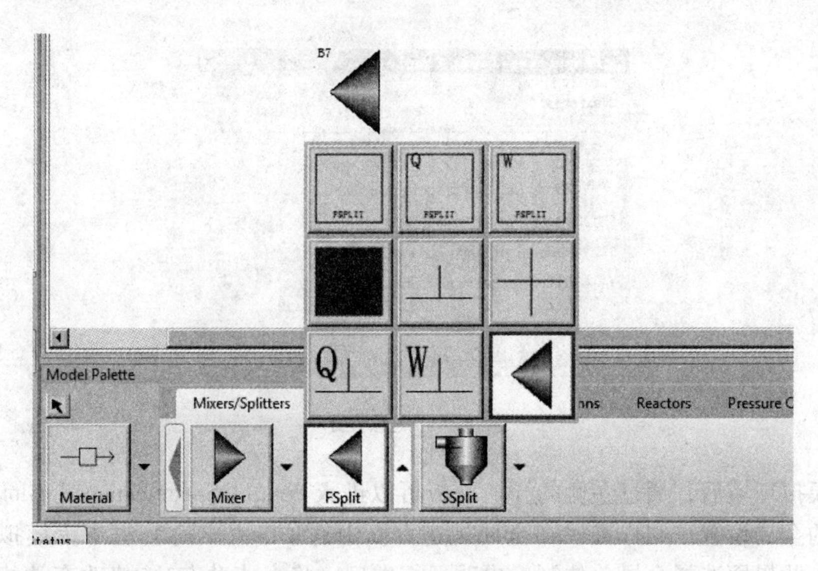

图 7.9 在流程图中添加模块

在 Aspen Plus V8.8 中，有 10 类模块，每一类模块可以实现不同的单元操作，具体模块的使用说明可以参考帮助文档。

(2) 添加物流。画好流程的基本单元后，点击 Material 按钮，打开物流区，用物流将各个单元设备连接起来。点击 Material 按钮后，把鼠标移至流程图，系统会提示在设备的哪些地方需要必须使用物流连接，在图中以红色的标记显示。另外蓝色标记显示的是可选的物流连接。

(3) 修改物流和装置名称。在红色标记处，确定所需要连接的物流，当整个流程结构确定以后，红色标记消失，说明流程设置工作完成。在物流或者装置上，点击右键选择 Rename Steam 或者 Rename Block，可以修改物流或者装置名称。一个好的名称将显著提高流程的可读性。如图 7.10 所示的为搭建完成的模拟流程图。

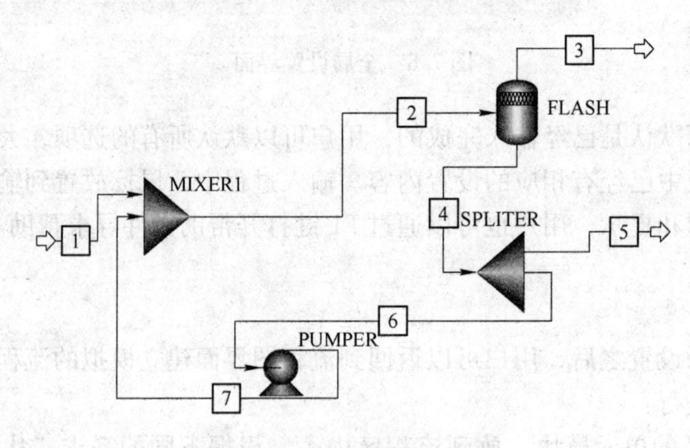

图 7.10 Aspen Plus 流程图

7.2.7 数据输入

当流程建立完成之后，点击 Next，可以进入流程图数据输入界面，数据输入主要有物流数据和装置数据的输入，通过左侧导航面板以及表 7.2 中的状态，很容易定位到需要输入数据的位置。也可以通过输入完一个界面之后，再次点击 Next，可以跳到另外一个需要输入的界面。

当点击 Next 后，首先进入的是物流数据的输入，即 Streams | Input | Mixed 页面，需要输入物流的温度、压力或气相分数三者中的两个以及物流的流量或组成。Total Flow 一栏用于输入物流的总流量，可以是质量流量、摩尔流量、标准液体体积流量或体积流量；输入总流量后，需要在 Composition 一栏中输入各组分流量或物流组成，如图 7.11 所示。用户也可以不输入物流总流量，在 Composition 一栏中选择输入类型为流量，即输入物流中各组分的流量。

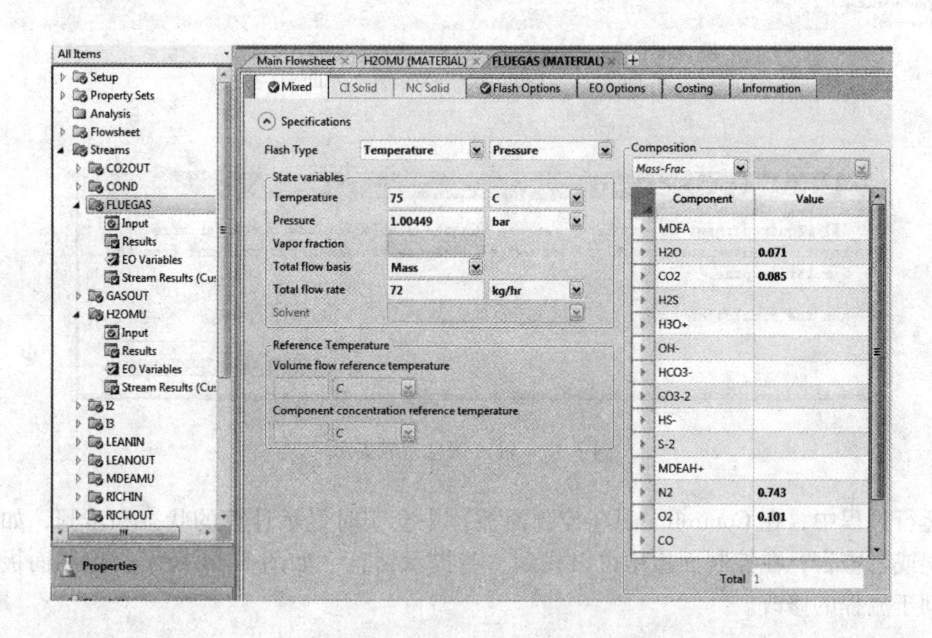

图 7.11　物流数据输入界面

进料物流的数据输入完成之后，需要进行模块数据的输入。由于各个模块的功能不同，需要输入的数据也不一样，因此，每个模块需要输入的数据需要根据具体模块来定，如图 7.12 所示为 Fsplit 模块的输入界面。每个模块详细的输入内容，可以查看帮助文档。打开模块的输入页面，点击右上角的帮助按钮，可跳转到与本页面输入相关的帮助内容。

除了物流和模块数据外，如果在流程中增加了设计规定、灵敏度分析或者优化等功能，也需要进行相应的数据输入，确保流程模拟或分析所需的数据都是完整的。

7.2.8　运行模拟

所有数据输入完成之后，点击 Next，会出现 Required Input Complete 信息提示，如图 7.13 所示。此时点击 OK 即可开始进行模拟计算。或者用户可以点击 Home 功能区选项卡中的运行（Run）按钮或使用快捷键 F5 直接运行模拟。用户在输入过程中有改动，需要重新运行模拟时，一般需要先点击 Home 功能区选项卡中的初始化（Reset）按钮，对模拟初始化后，再运行模拟。

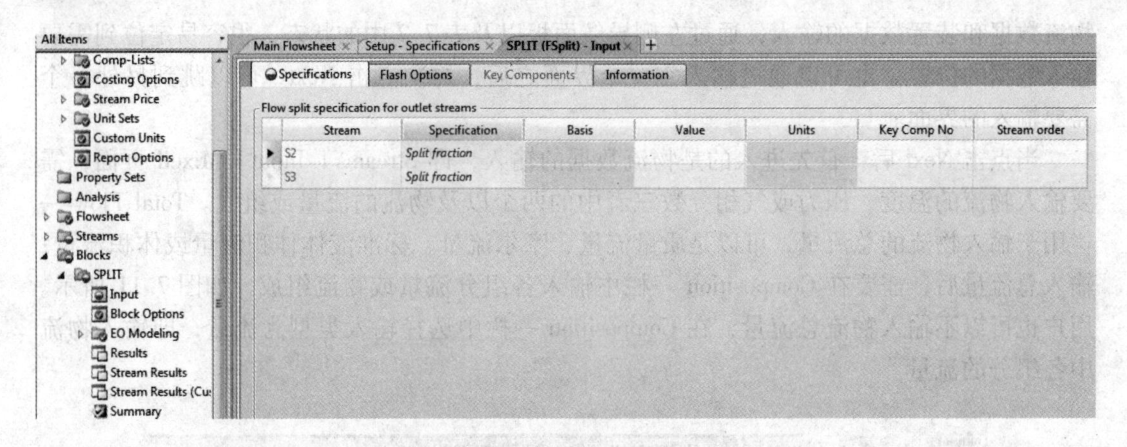

图 7.12　Fsplit 模块数据输入界面

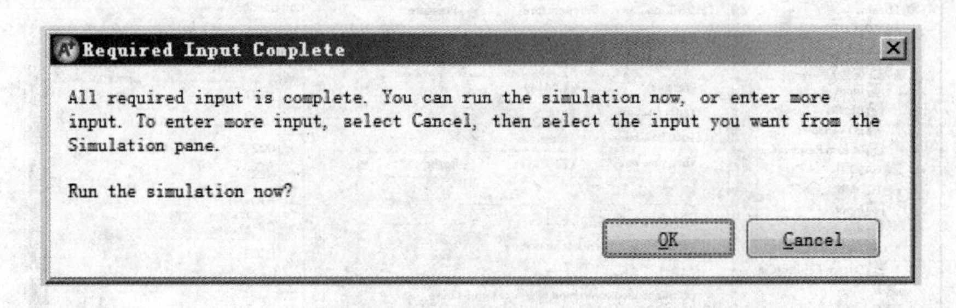

图 7.13　输入信息完成提示

运行过程中，在 ControlPanel（控制面板）中会实时显示计算的状态和步骤，如果出现错误或者警告，在控制面板中可以找到一些提示信息，如图 7.14 所示。控制面板的信息有助于流程的修改。

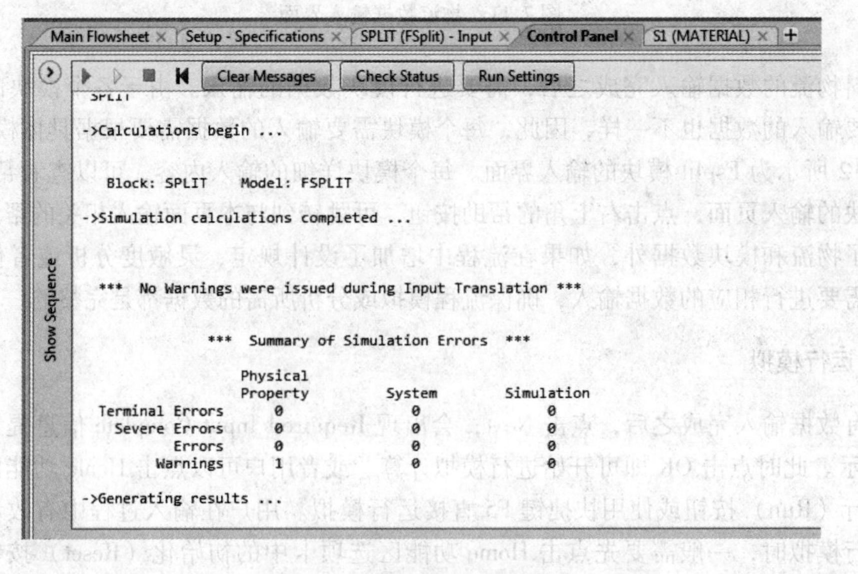

图 7.14　控制面板显示的信息

7.2.9 查看结果

计算完成后，点击 Next，或者由导航面板直接选择 Results Summary，即可查看模拟结果。例如，查看各物流的信息，进入 Results Summary | Streams | Material 页面查看，如图 7.15 所示，各个模块的计算结果，可以进入 Blocks | 模块名称 | Results 页面进行查看。

	COOL-OUT	FEED	PRODUCT	REAC-OUT	RECYCLE
Temperature C	54	105	54	450.5	54
Pressure bar	0.09	2.5	0.09	0.1	0.09
Vapor Frac	0.14	1	0	1	1
Mass Flow kg/hr	2362.34	2163.5	2163.5	2362.34	198.838
Volume Flow l/min	14285.6	7284.09	43.295	210303	14242.2
Enthalpy MMBtu/hr	-0.534	1.975	-0.585	2.026	0.052
Density lb/cuft	0.172	0.309	51.994	0.012	0.015
Mole Flow kmol/hr					
BENZENE	0.097	18	0.056	0.097	0.042
PROPENE	1.994	18	0.056	1.994	1.938
PRO-BEN	18.893	17.944	17.944	18.893	0.949

图 7.15 总物流结果查看

点击 Results Summary | Streams | Material 页面中的 Stream Table 按钮，可以在 Main Flowsheet（主流程图）页面显示物料表，如图 7.16 所示。

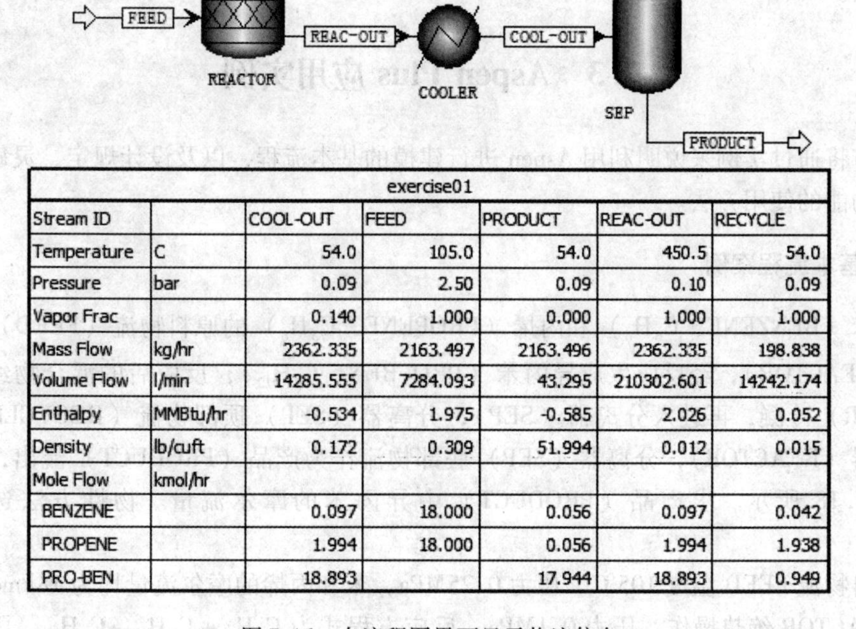

exercise01						
Stream ID		COOL-OUT	FEED	PRODUCT	REAC-OUT	RECYCLE
Temperature	C	54.0	105.0	54.0	450.5	54.0
Pressure	bar	0.09	2.50	0.09	0.10	0.09
Vapor Frac		0.140	1.000	0.000	1.000	1.000
Mass Flow	kg/hr	2362.335	2163.497	2163.496	2362.335	198.838
Volume Flow	l/min	14285.555	7284.093	43.295	210302.601	14242.174
Enthalpy	MMBtu/hr	-0.534	1.975	-0.585	2.026	0.052
Density	lb/cuft	0.172	0.309	51.994	0.012	0.015
Mole Flow	kmol/hr					
BENZENE		0.097	18.000	0.056	0.097	0.042
PROPENE		1.994	18.000	0.056	1.994	1.938
PRO-BEN		18.893		17.944	18.893	0.949

图 7.16 在流程图界面显示物流信息

点击功能区选项卡 Modify，在 Stream Results 组中可勾选温度、压力、汽化分率选项，在 Unit Operation 组中勾选 Heat/Work，可使重要结果直接在流程图中显示，如图 7.17 所示。

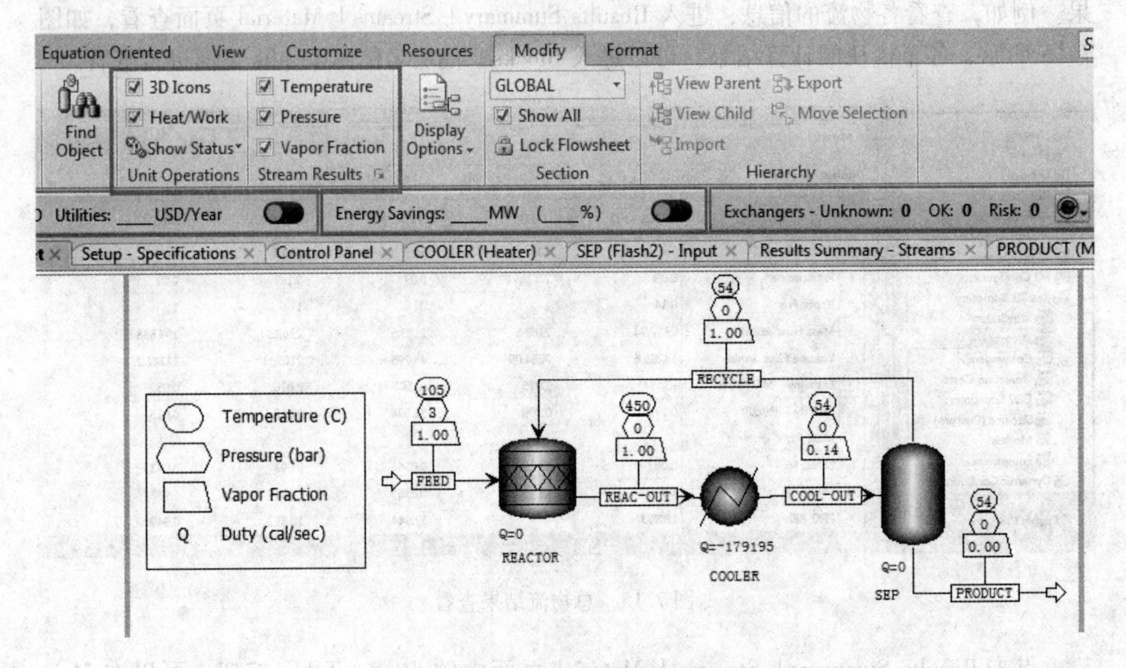

图 7.17 直接在流程图上显示结果

其他类型的结果，如单个物料或者模块的结果，可以直接通过导航窗口进入相应的模块，在 Results 下查看结果。也可以直接在流程图上双击要查看结果的模块或物流进入相应的界面。

7.3 Aspen Plus 应用实例

本节将通过实例来说明利用 Aspen 进行建模的基本流程，以及设计规定、灵敏度分析和优化功能的使用方法。

7.3.1 基本流程案例

含苯（BENZENE，C_6H_6）和丙烯（PROPENE，C_3H_6）的原料物流（FEED）进入反应器（REACTOR），经反应生成异丙苯（PRO-BEN，C_9H_{12}），反应后的混合物经冷凝器（COOLER）冷凝，再进入分离器（SEP），分离器（SEP）顶部物流（RECYCLE）循环回反应器（REACTOR），分离器（SEP）底部物流作为产品（PRODUCT）流出，案例流程如图 7.18 所示。求产品（PRODUCT）中异丙苯的摩尔流量。物性方法选择 RK-SOAVE。

原料物流 FEED 温度 105℃，压力 0.25MPa，苯和丙烯的摩尔流量均为 18kmol/h。反应器 REACTOR 绝热操作，压力 0.1MPa，反应方程式为 $C_6H_6+C_3H_6 \rightarrow C_9H_{12}$，丙烯的转

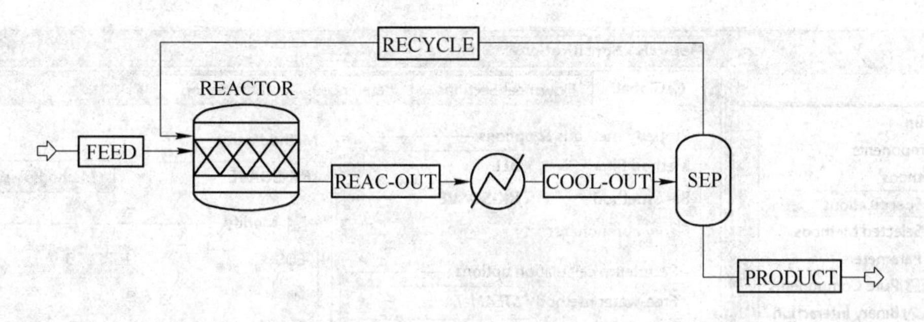

图 7.18 案例流程图

化率为 90%，冷凝器 COOLER 的出口温度 54℃，压降 0.7kPa；分离器 SEP 绝热操作，压降为 0。

首先，启动 Aspen Plus V8.8，选择空白模板建立一个模拟，然后保存文件为 exercise01.bkp。具体步骤参考第二节内容。

进行组分输入，此系统中包含有 3 个组分，分别是苯（BENZENE，C_6H_6）、丙烯（PROPENE，C_3H_6）和异丙苯（PRO-BEN，C_9H_{12}）。进入物性输入界面，在 Component ID 一栏中输入苯和丙烯的名称即可。异丙苯可通过分子式 C_9H_{12} 或者 CAS 号 98－82－8 进行查找，并且把 Component ID 改成 PRO-BEN。组分输入界面如图 7.19 所示。

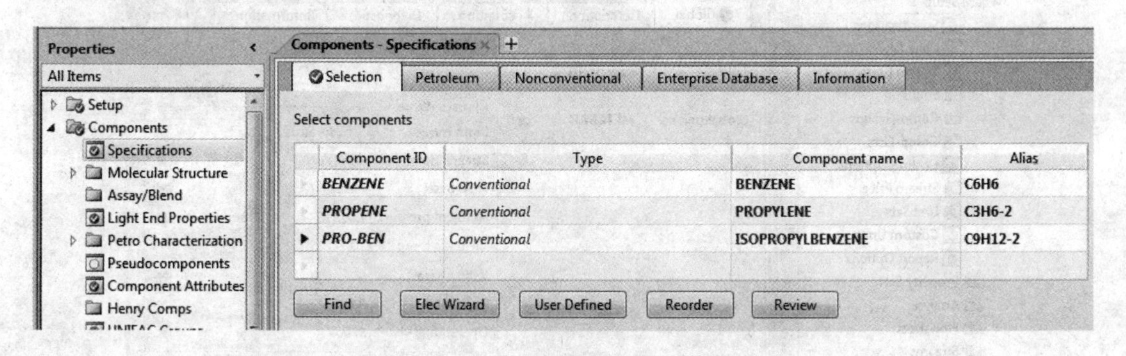

图 7.19 组分输入界面

点击 Next 按钮，进入物性方法选择页面，在这里直接选择 RK-SOAVE 物性方法，如图 7.20 所示。Aspen 物性系统为活度系数模型（WILSON、NRTL 和 UNIQUAC）、部分状态方程模型以及亨利定律提供了内置的二元参数。在完成组分和物性方法的选择后，Aspen Plus 自动使用这些内置参数，并且点击 Next 按钮后会跳转到二元交互参数页面，可对参数进行查看或者修改。本例选择的物性方法为 RK-SOAVE，系统没有提供内置的二元参数。

点击 Next 按钮，选择进入 simulation 环境。首先设置模拟的名称为 exercise01，单位制改为 METCBAR，其他选项为默认。全局设置界面如图 7.21 所示。

返回 Main Flowsheet 页面，按照要求建立流程图。反应器采用 Reactors｜RStoic 模块，冷却器采用 Exchangers｜heater 模块，分离器采用 Separators｜Flash2 模块。绘制好对应模块之后，用 material 把各个模块连接起来。搭建完成的流程如图 7.22 所示。

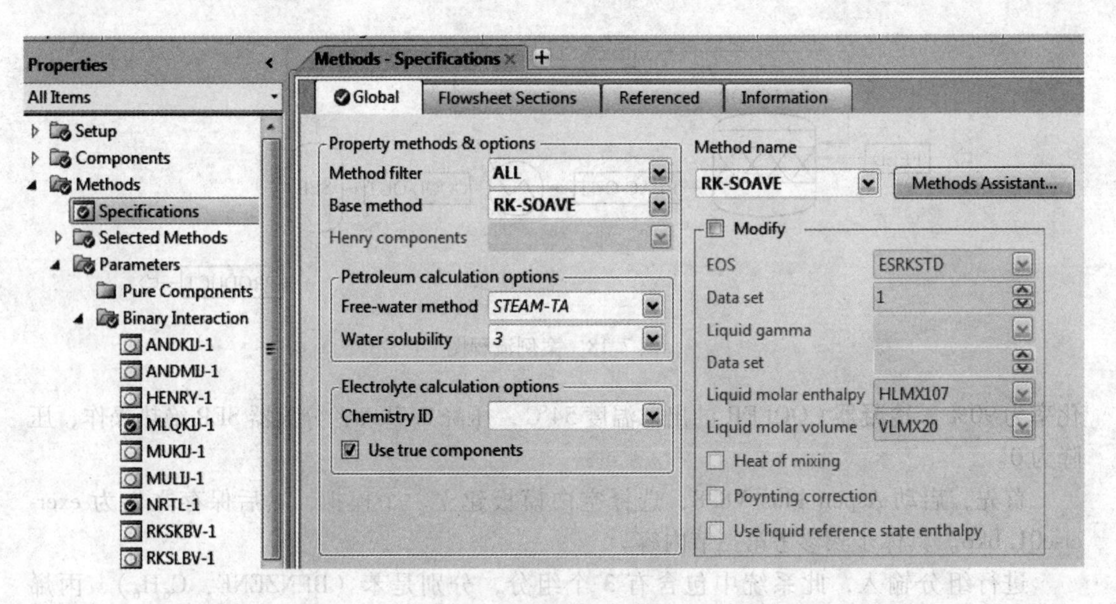

图 7.20　物性方法选择界面

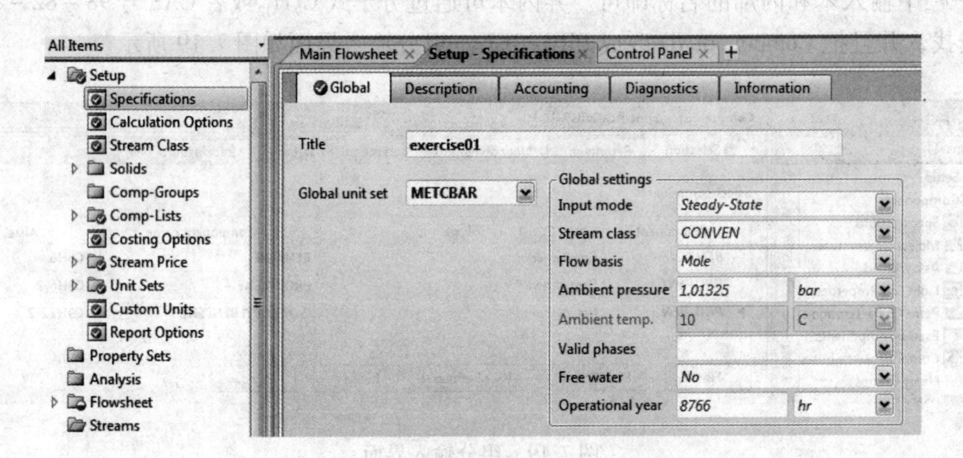

图 7.21　全局设置界面

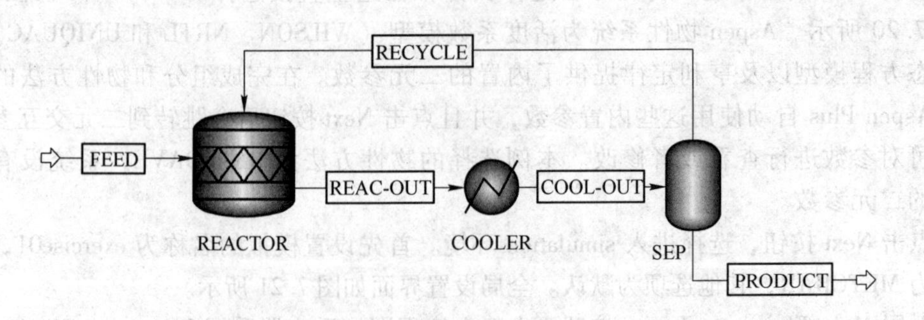

图 7.22　搭建完成的流程图

点击 Next 按钮，进行物流数据和模块数据的输入。由于系统中只有 FEED 一个进料，因此需要输入的物流数据只有 FEED 的，根据提供的信息，原料物流 FEED 温度105℃，压力0.25MPa，苯和丙烯的摩尔流量均为18kmol/h。物流的组成可以通过计算输入苯和丙烯的摩尔分率各为0.5，也可以在输入界面中直接输入苯和丙烯的流量，并且在 Composition 下拉框中选择 Mole-Flow。物流 FEED 输入结果如图7.23所示。

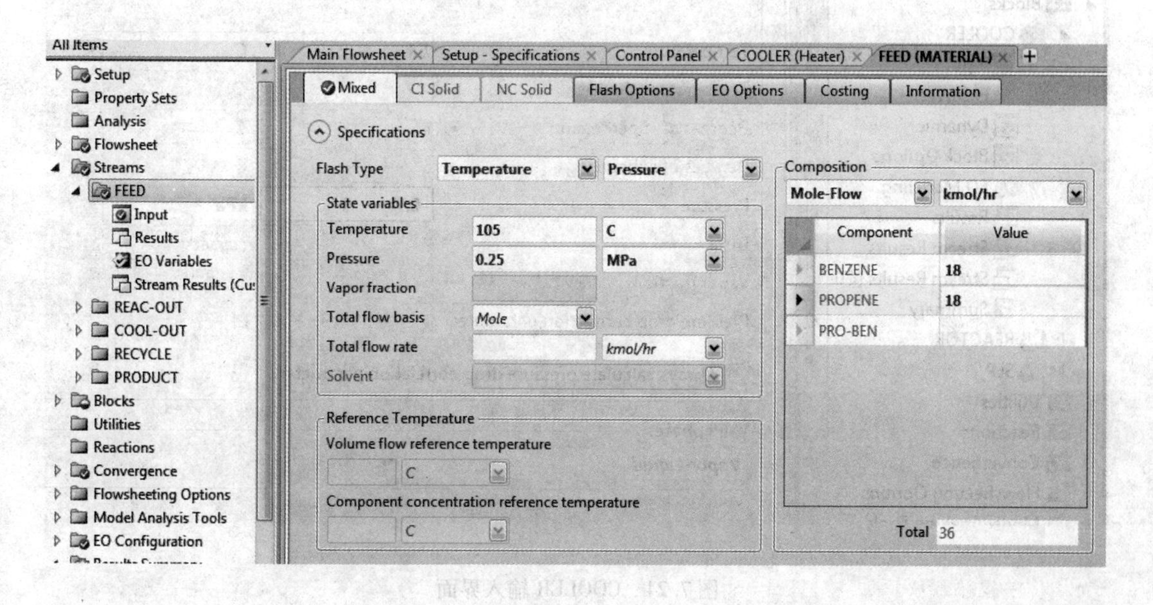

图7.23 物流 FEED 输入结果

本例中，包含3个模块，分别是 Reactors | RStoic 模块，Exchangers | heater 模块和 Separators | Flash2 模块，每个模块需要输入的内容均不同，点击 Next 按钮后，根据模块名称的字母顺序，需要依次输入各个模块的信息。或者在导航窗口中，进入 Blocks | 模块名称 | Input | Specifications 中进行模块信息的输入。

7.3.1.1 COOLER（Exchangers | heater 模块）

根据题中要求，冷却之后的温度为54℃，压降为0.7kPa，因此在 Temperature 和 Pressure 中，分别输入54和 -0.7kPa（在 Aspen Plus 中，压力为负值表示压降），COOLER 输入界面如图7.24所示。

7.3.1.2 REACTOR（Reactors | RStoic 模块）

进入 REACTOR 模块输入界面。根据题中所给的信息，Pressure 为0.1MPa，热负荷（Duty）为0（绝热），因此需要先选择 Pressure 和 Duty，然后输入相应的数据，REACTOR 输入界面如图7.25所示。

输入完压力和热负荷之后，可以看到 Setup 页面并没有变成输入完成的状态，且在 Reactions 界面是待输入状态，因此，需要输入 Reactions 界面信息，或者直接点击 Next 按钮也会跳转到 Reactions 界面。

在 Reactions 界面需要输入反应信息，点击 New，在弹出的对话框中输入反应物（Reactants）、产物（Products）及化学反应式计量系数（Coefficient），指定丙烯的转化率

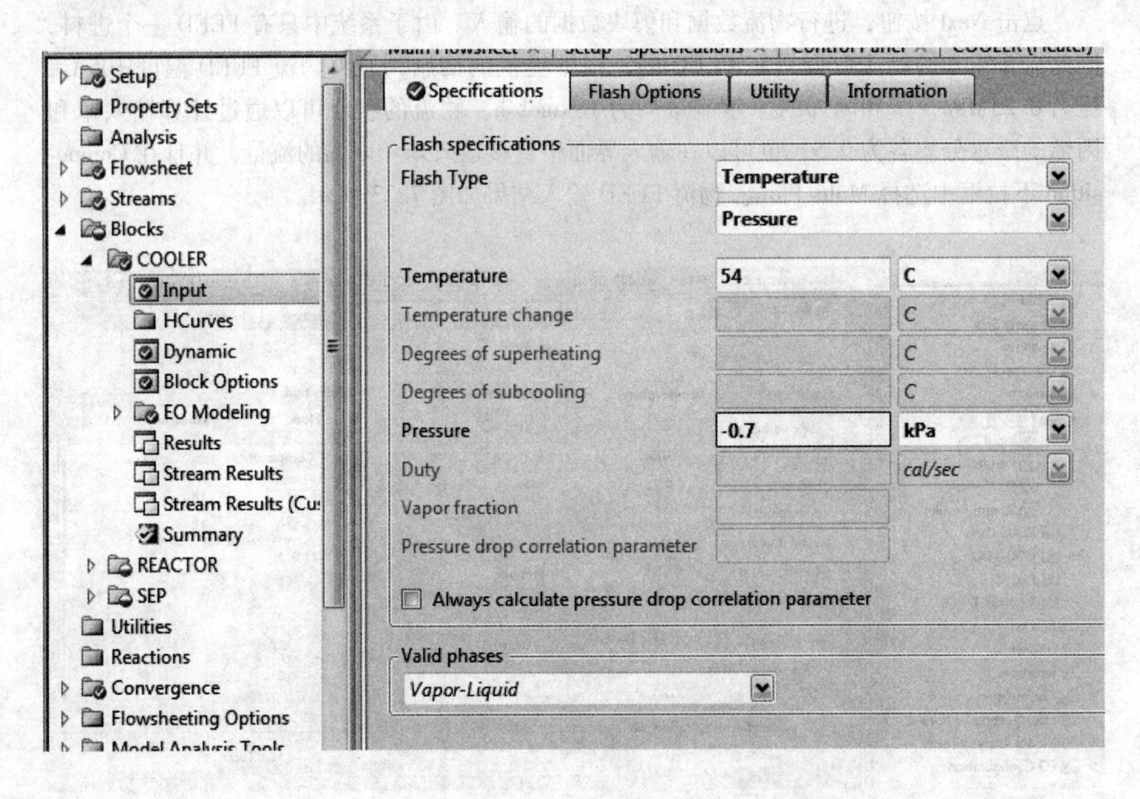

图 7.24　COOLER 输入界面

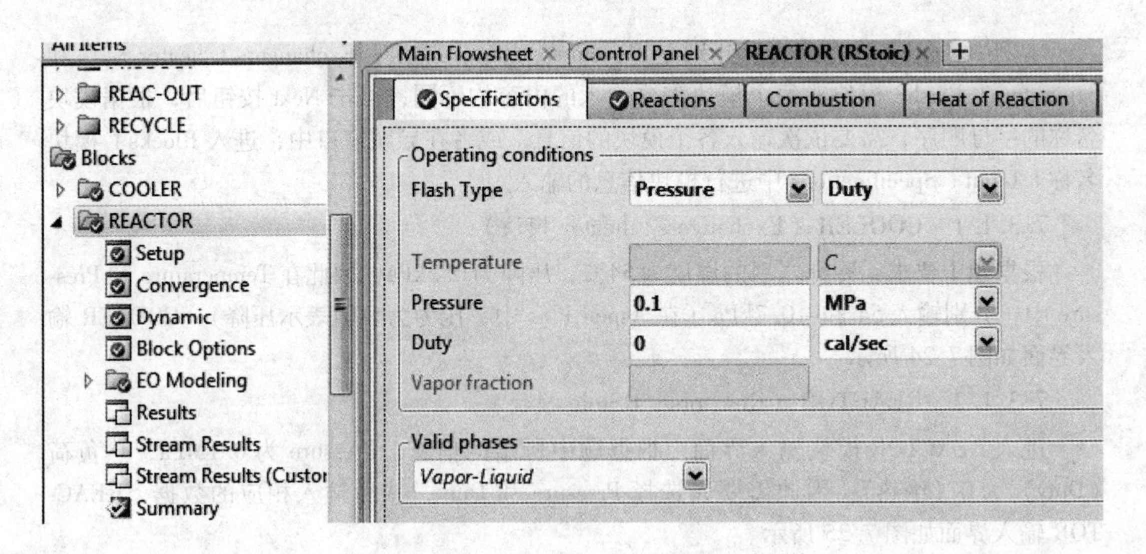

图 7.25　REACTOR 输入界面

（Fractional conversion）为 0.9，反应编辑界面如图 7.26 所示。反应物的系数为负值，产物的为正值。

点击对话框下方的 Close 或 Next 按钮，回到反应器模块。

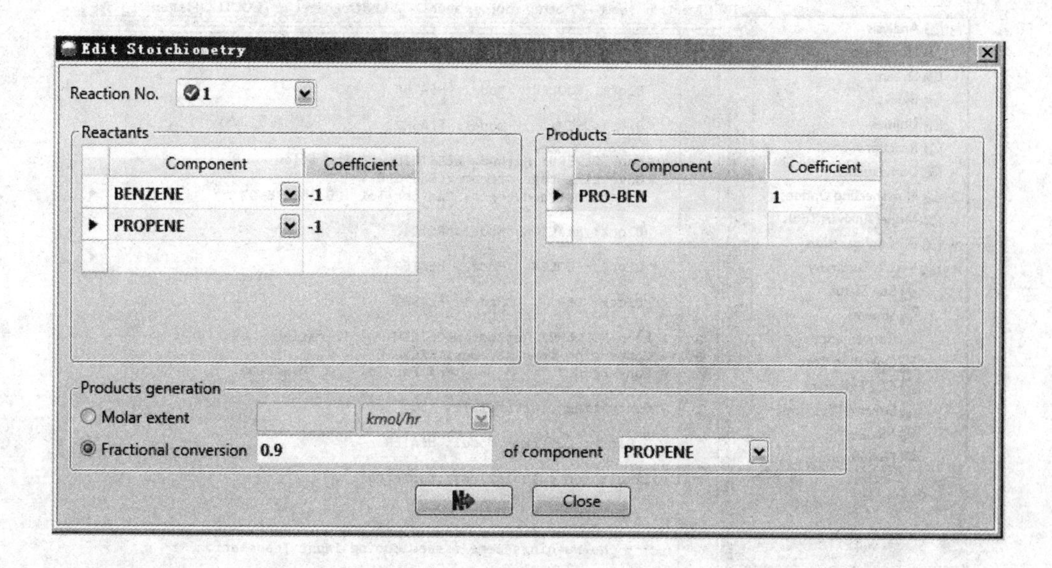

图 7.26　反应编辑界面

7.3.1.3　SEP（Separators | Flash2 模块）

进入 SEP 的输入页面，输入模块 SEP 数据，Pressure（压降）和 Duty（热负荷）均为 0，SEP 模块输入界面如图 7.27 所示。

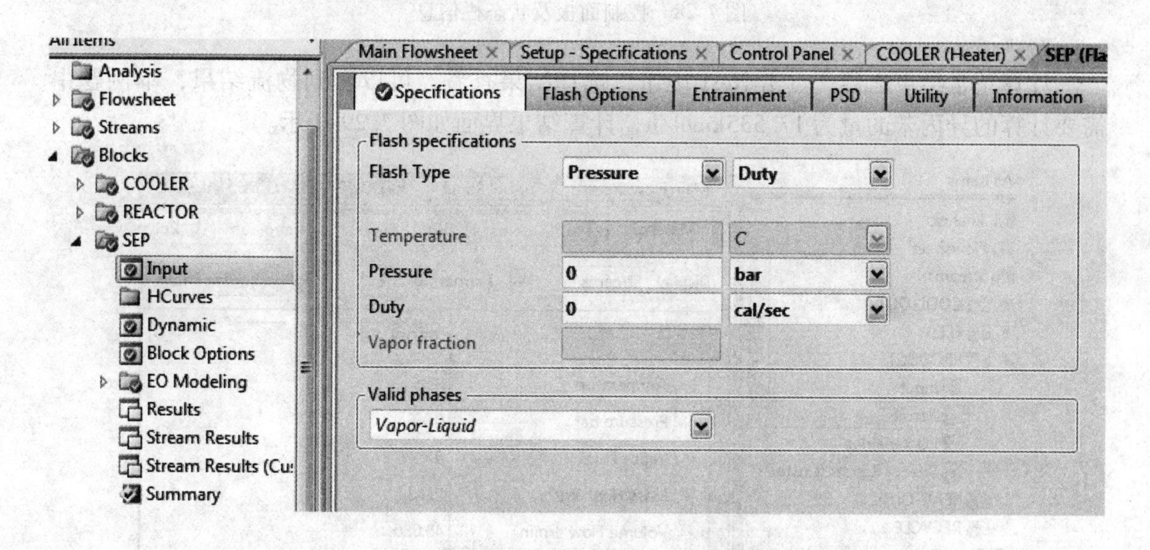

图 7.27　SEP 模块输入界面

所有物流和模块数据输入完成之后，状态栏显示 Required Input Complete，表示模拟所必需的数据输入完成，可以运行模拟。

点击 Next 按钮，选择进行模拟计算，从状态栏或者 ControlPanel 控制面板中可以看到计算的状态，如图 7.28 所示，控制面板中显示 No Warnings 和 No Errors，状态栏显示 Results Available，表示模拟是成功的，正常得到了模拟结果。

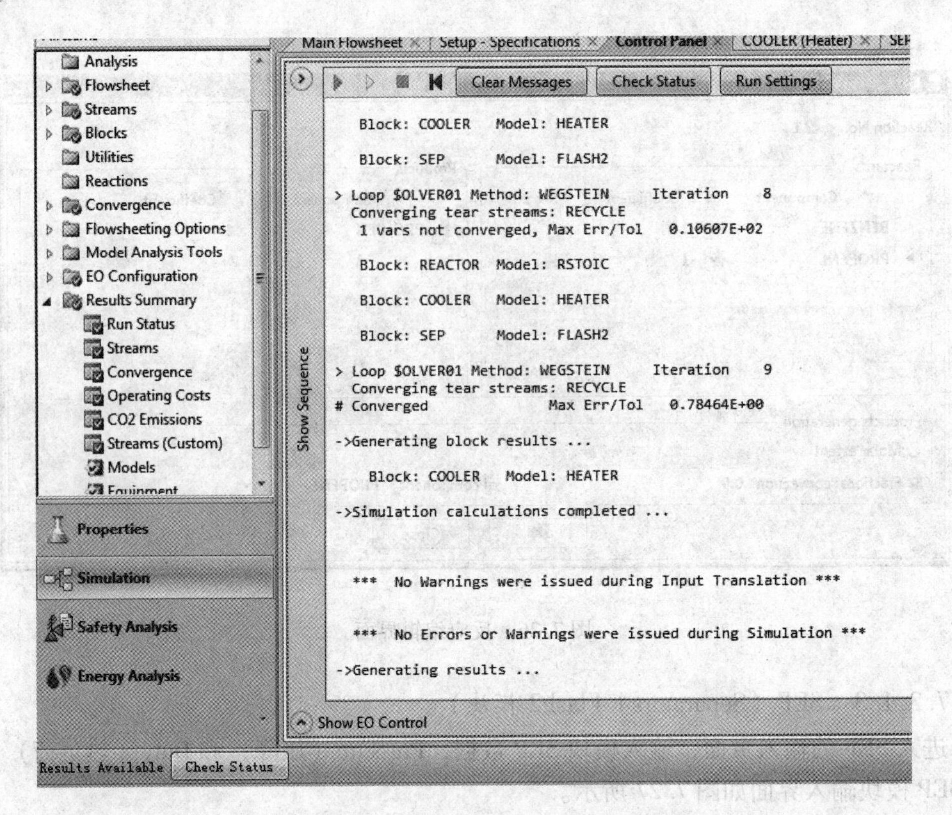

图 7.28 控制面板及状态栏信息

计算正常结束之后，点击 Next 按钮，选择结果查看，可以看到物流结果，本例题中需要计算的异丙苯的量为 17.535kmol/h，计算结果界面如图 7.29 所示。

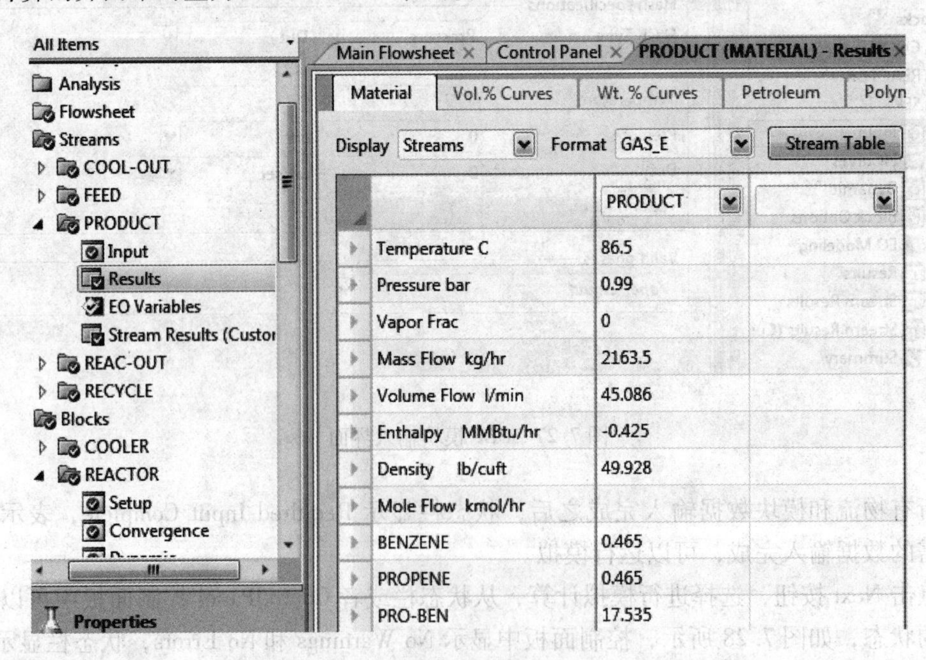

图 7.29 计算结果界面

7.3.2 设计规定

在上一节案例的基础上，增加一个问题，即冷却器出口温度是多少才能使异丙基苯产品纯度达到97%(摩尔分数)。

在上一个例子的基础上，另存为 exercise02-Design Specs. bkp。由于之前并没有显示各个组分的摩尔分率，为了让其结果在显示摩尔分率，需要在 Setup | ReportOptions | streams 页面，勾选 Fraction basis 中的 Mole。需要质量分率也可勾选 Mass，选择结果中展示摩尔分率如图 7.30 所示。

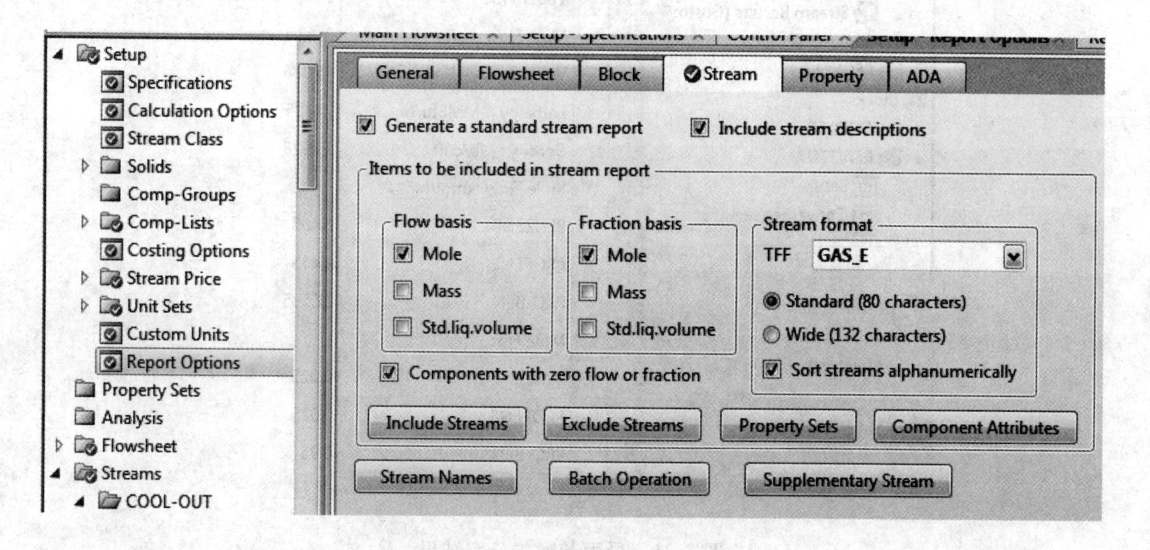

图 7.30 选择结果中展示摩尔分率

点击 Reset 按钮，初始化模型后，再次点击 Next 按钮重新进行计算，查看结果可以看到在出口温度为 54℃时，产品异丙苯的摩尔分数为 95%，如图 7.31 所示。

为了提高 PRODUCT 中异丙苯的摩尔分率，需要升高温度，当温度升到多少时，摩尔分数为恰好为 0.97，除了采用计算多次试差的方法。也可以采用 Aspen Plus 自带的 Design Spec 功能。

设计规定（Design Spec）模块设定计算的变量值。例如，用户可以指定产品物流的纯度或循环物流中杂质的允许含量。对于每个设计规定，用户可以指定模块的输入变量，进料物流变量或其他模拟输入变量，通过调整这些变量来满足设计规定。例如，用户可以调整放空量来控制循环物流中的杂质含量。

操纵变量以及采集变量的最终值可在相应物流或模块结果页面上直接查看。通过选择相应收敛模块的结果页面，可以查看收敛信息。

定义一个设计规定一般包括以下 5 个步骤：

（1）建立设计规定。

（2）标识设计规定中的采集变量。

（3）为采集变量或函数指定期望值和容差。

（4）标识操纵变量，并指定该操纵变量的上、下限。

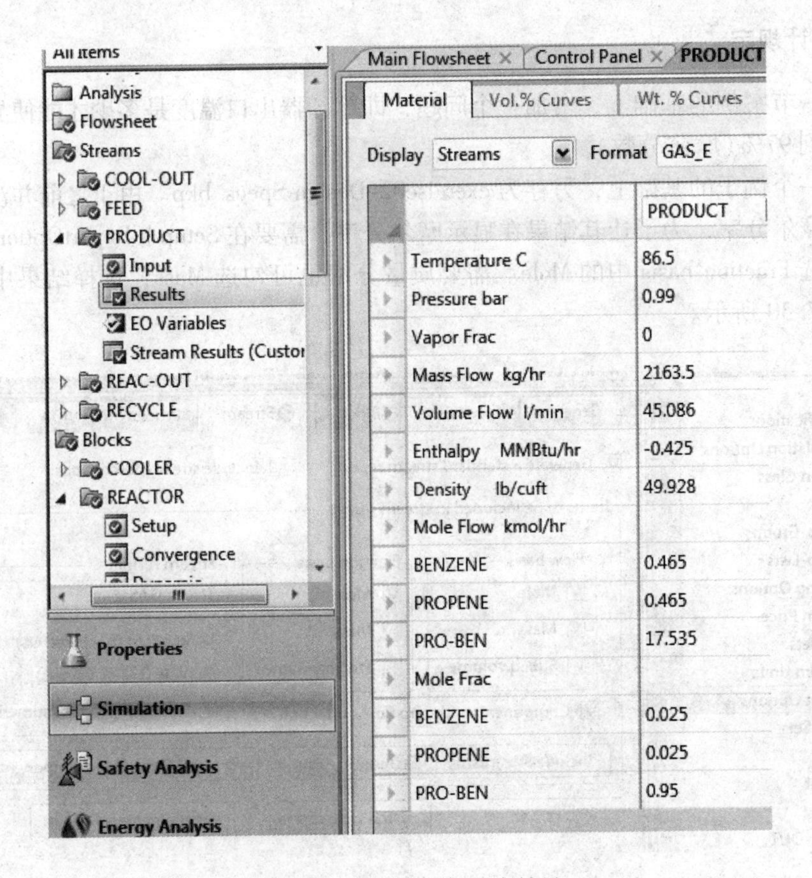

图 7.31 异丙苯摩尔分率结果

（5）输入 Fortran 语句（可选）。

首先创建一个设计规定，进入 Flowsheeting Options | Design Specs 页面，点击 New... 按钮，采用默认名称 DS—1，创建设计规定如图 7.32 所示。

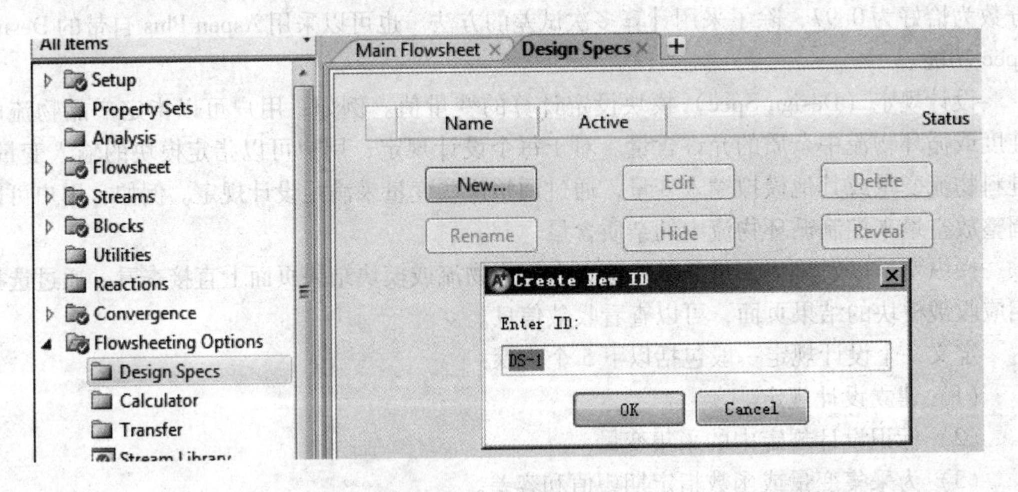

图 7.32 创建设计规定

点击 OK，进入 Design Specs | DS－1 | Input | Define 页面，在 Variable 列输入采集变量名称，本例采集变量是产品物流中异丙苯的摩尔含量（PB）。对变量进行定义，Category 选择 Streams，Type 选择 Mole-Frac，Stream 选择 PRODUCT，Components 选择 PRO-BEN，即物流 PRODUCT 中 PRO-BEN 的摩尔分数，设计规定变量定义如图 7.33 所示。

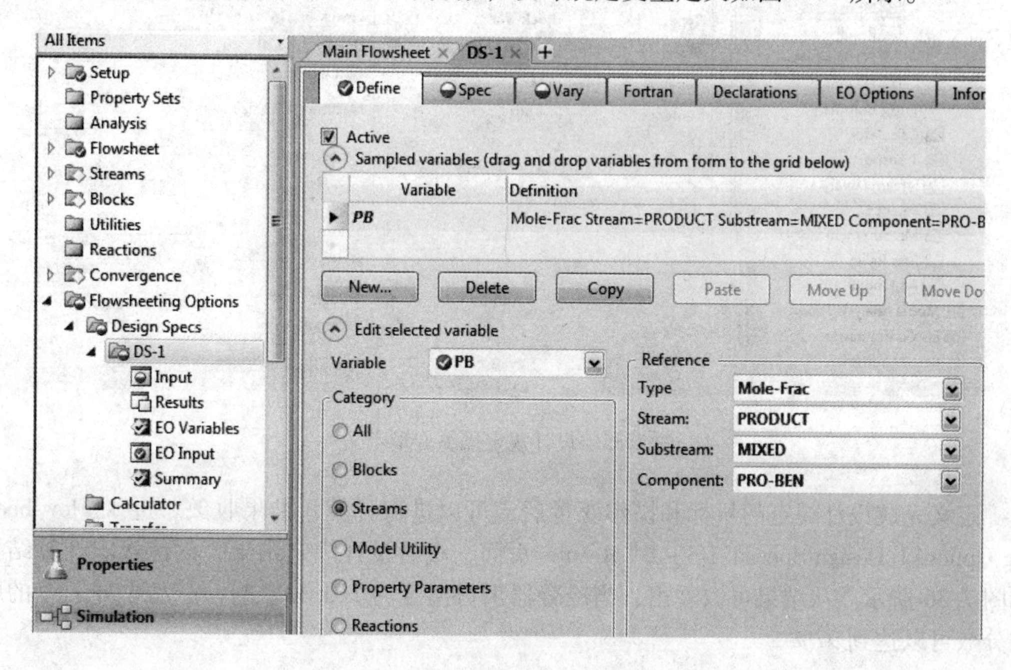

图 7.33　设计规定变量定义

定义完成变量之后，需要定义规定的目标，进入 Design Specs | DS－1 | Input | Spec 页面，输入采集变量 PB 的 Target（目标值）和 Tolerance（允许的偏差）分别为 0.97 和 0.001，设计规定目标定义如图 7.34 所示。在 Spec 中，可以定义多个变量的 Fortran 表达式，如两个采集变量的差值或者比值。

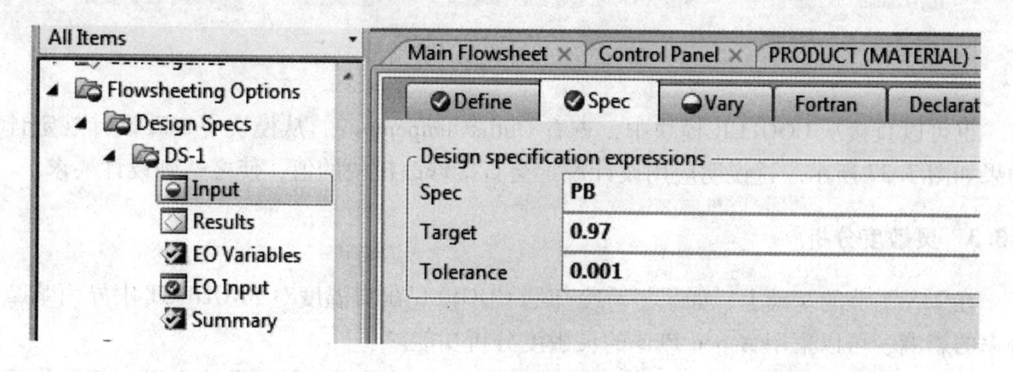

图 7.34　设计规定目标定义

点击 Next 按钮，进入 Design Specs | DS－1 | Input | Vary 页面，输入操纵变量及其上下限，本例操纵变量指的是 COOLER（冷凝器）的 TEMP（出口温度），设定出口温度的变化范围为 50～120℃，设计规定操纵变量定义如图 7.35 所示。

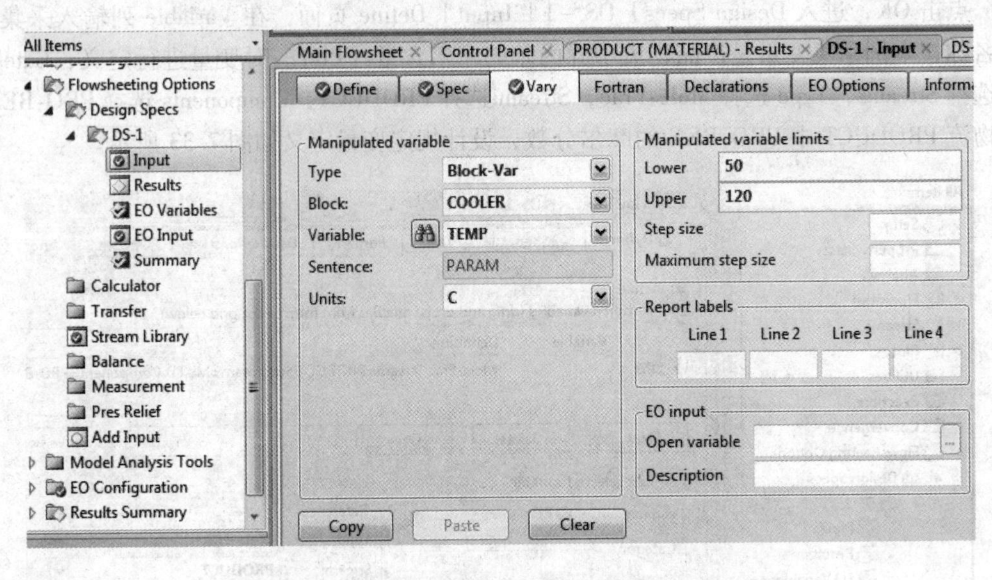

图 7.35 设计规定操纵变量定义

定义完成设计规定的目标和操作变量后，可以进行计算，结果收敛。进入 Flowsheeting Options | Design Specs | DS－1 | Results 页面，查看设计规定结果，设计规定计算结果如图 7.36 所示。从结果可以看出，当冷凝器出口温度为 110.33℃时，产品中异丙苯的摩尔分数可以达到 97%。

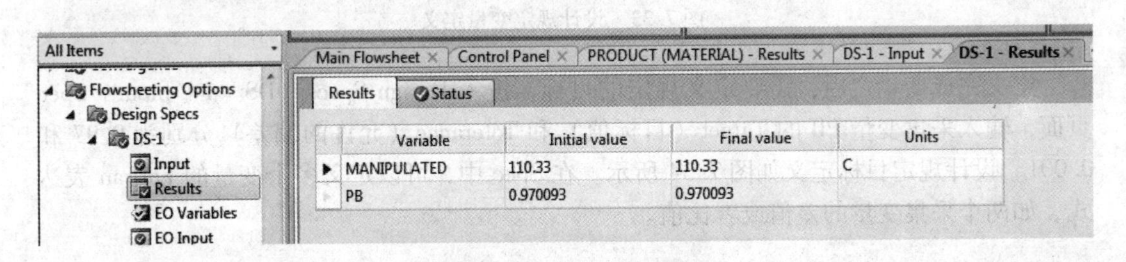

图 7.36 设计规定计算结果

也可以直接从 COOLER 模块中，查看 Outlet temperature，从模块中查看设计规定计算结果如图 7.37 所示。这说明应用设计规定会直接修改模块的值，使之达到设计要求。

7.3.3 灵敏度分析

在 7.3.1 节的基础上，如果想看冷却器 COOLER 出口温度对 PRODUCT 中异丙苯摩尔分率的影响，可以采用 Aspen Plus 的灵敏度分析功能。

灵敏度分析（Sensitivity Analysis）模块是考查关键操作变量和设计变量如何影响模拟过程的工具，用户可以使用此工具改变一个或多个流程变量并研究其变化对其他流程变量的影响。灵敏度分析是进行（what if）研究的必要工具之一。用户改变的流程变量称为操纵变量，其必须是流程的输入参数，在模拟中计算出的变量不能作为操纵变量。

用户可以使用灵敏度分析来验证设计规定的解是否在操纵变量的范围内，用户还可以

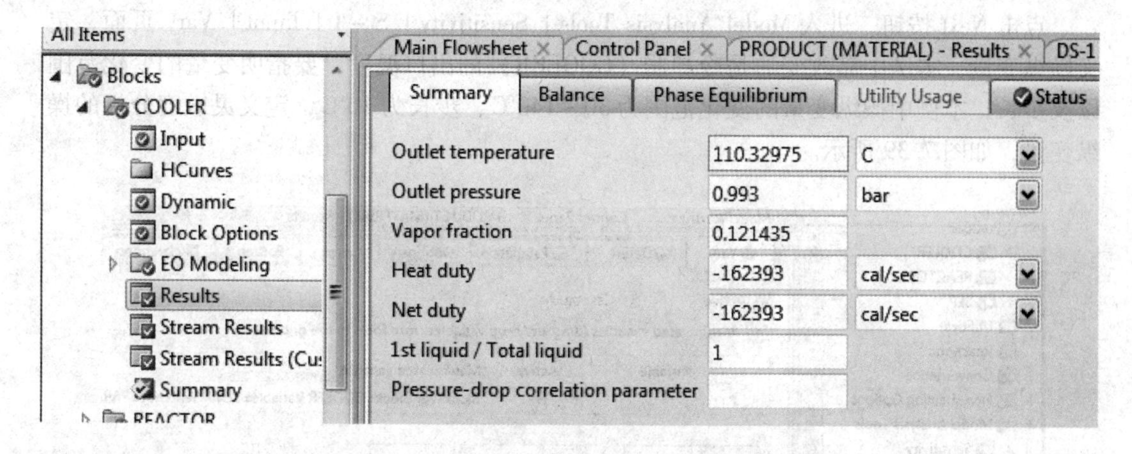

图 7.37　从模块中查看设计规定计算结果

使用此工具来进行简单的过程优化。

灵敏度分析模块的结果在 Sensitivity | Results | Summary 页面上以表的形式输出，用户还可以使用功能区中的绘图工具绘制结果，以便于查看不同变量之间的关系。

灵敏度分析模块为基本工况模拟结果提供了附加信息，但对基本工况模拟没有影响。基本工况的模拟运行独立于灵敏度分析。定义一个灵敏度分析模块主要包括以下几个步骤：

（1）创建一个灵敏度分析模块。

（2）标识采集变量。

（3）标识操纵变量。

（4）定义要进行制表的变量。

（5）输入 Fortran 语句（可选）。

首先在 exercise01. bkp 的基础上，另存为 exercise03-sensitivity. bkp。进入 Model Analysis Tools | Sensitivity 页面，点击 New... 按钮，采用默认标识 S－1，创建灵敏度分析模块，如图 7.38 所示。

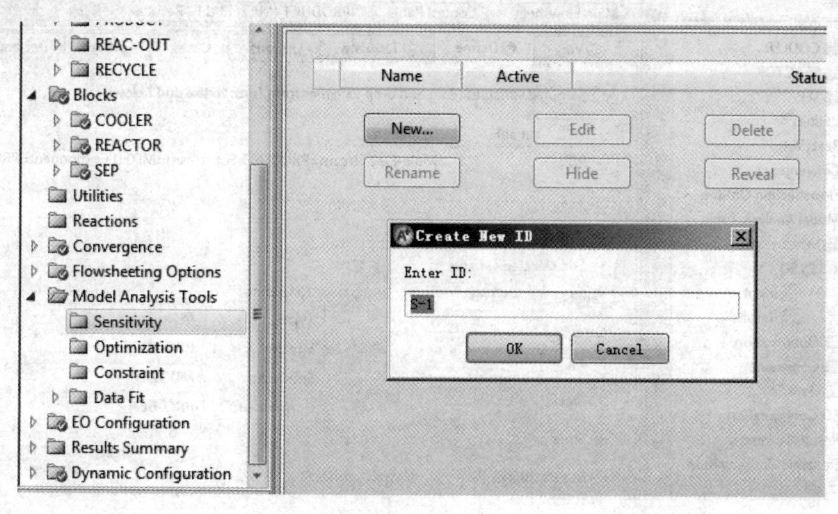

图 7.38　创建灵敏度分析

点击 Next 按钮，进入 Model Analysis Tools | Sensitivity | S－1 | lnput | Vary 页面，定义操纵变量，本例中需改变的是冷却器（COOLER）的出口温度，要指明变量的变化范围以及步长，本例中操纵变量的变化范围为 30～140℃，步长为 10℃，定义灵敏度分析的操纵变量，如图 7.39 所示。

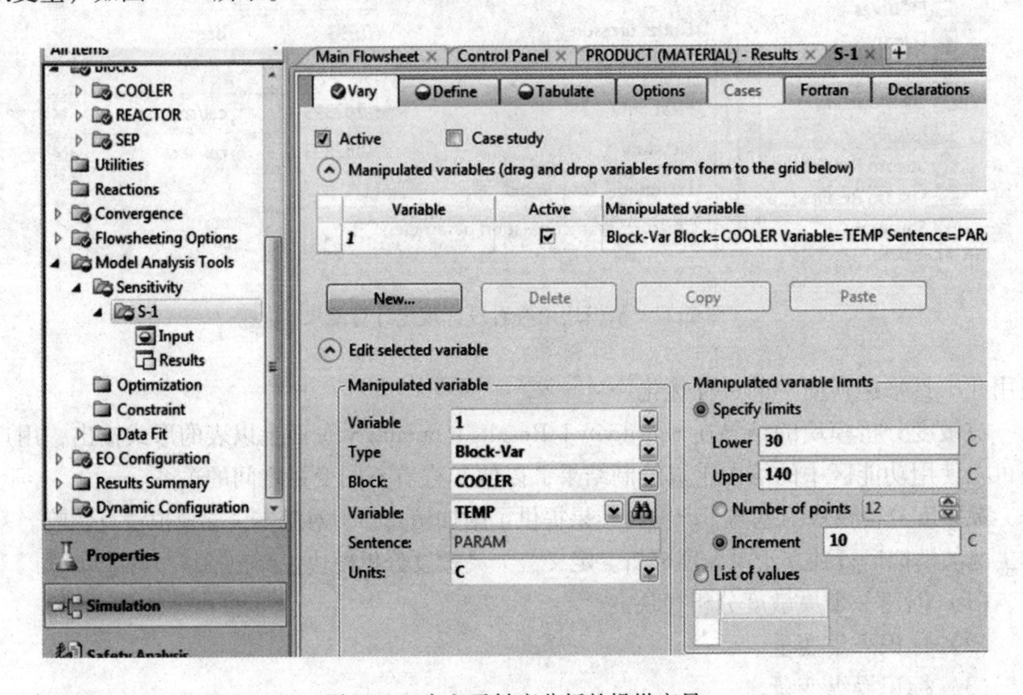

图 7.39　定义灵敏度分析的操纵变量

进入 Model Analysis Tools | Sensitivity | S－1 | Input | Define 页面，定义采集变量 PB，PB 指产品 PRODUCT 中 PRO-BEN（异丙苯）的摩尔分数，定义方式与设计规定的一样，本例采集变量定义，如图 7.40 所示。

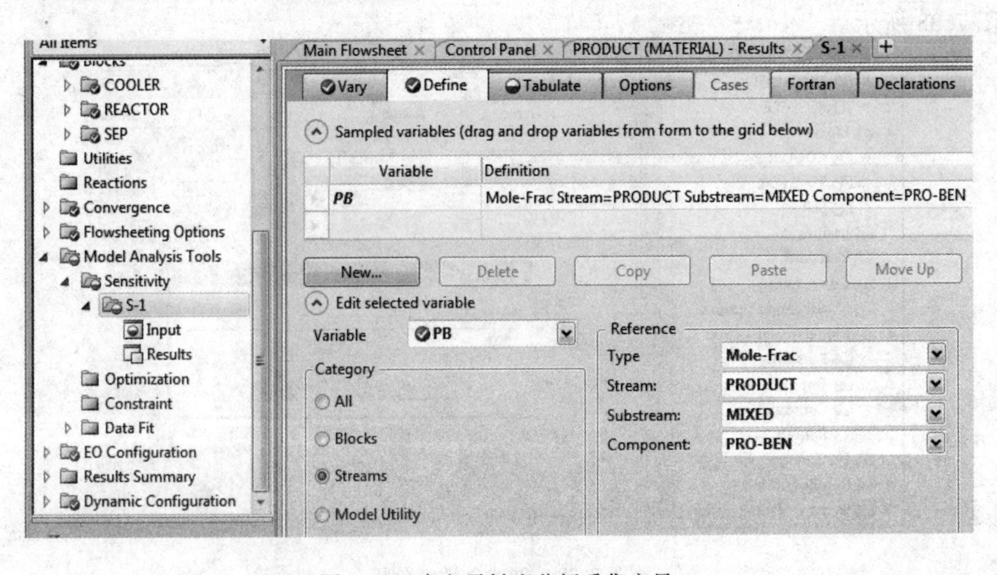

图 7.40　定义灵敏度分析采集变量

进入 Model Analysis Tools | Sensitivity | S－1 | Input | Tabulate 页面，定义结果列表中各变量或表达式的列位置，灵敏度分析计算结果，如图 7.41 所示。自变量默认是在第一列，采集变量从 1 开始，列在自变量的后面。

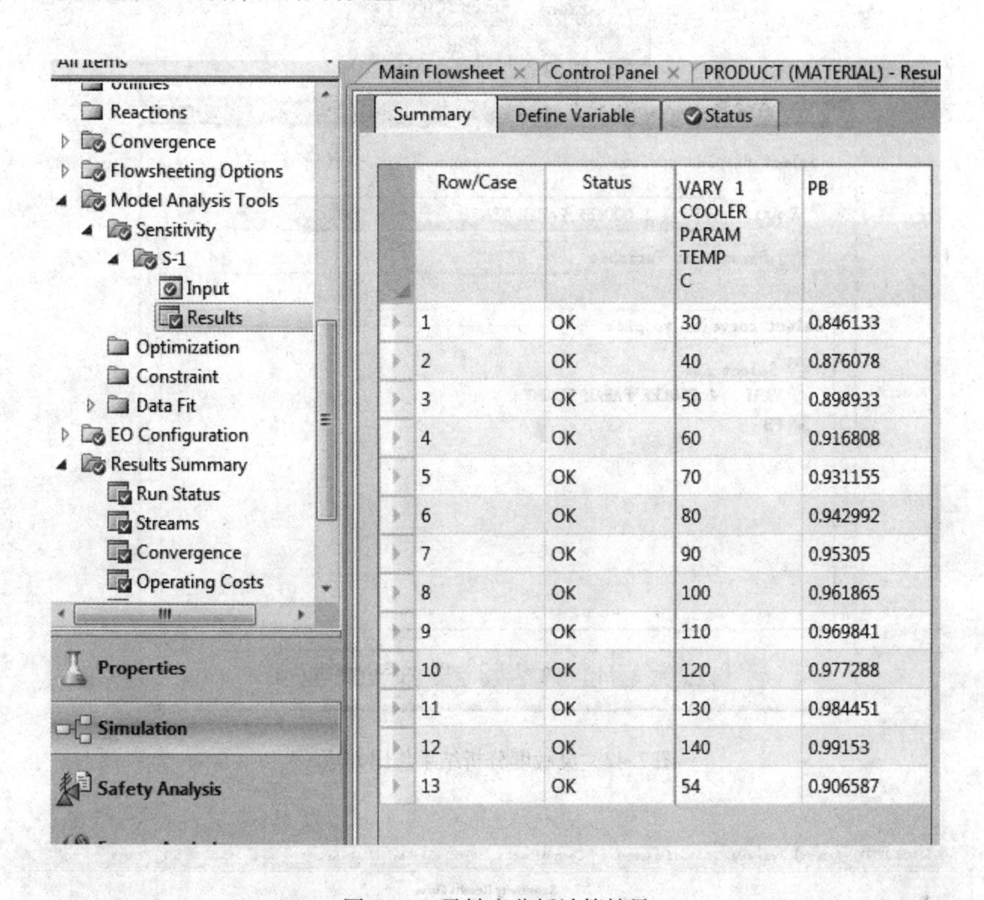

Row/Case	Status	VARY 1 COOLER PARAM TEMP C	PB
1	OK	30	0.846133
2	OK	40	0.876078
3	OK	50	0.898933
4	OK	60	0.916808
5	OK	70	0.931155
6	OK	80	0.942992
7	OK	90	0.95305
8	OK	100	0.961865
9	OK	110	0.969841
10	OK	120	0.977288
11	OK	130	0.984451
12	OK	140	0.99153
13	OK	54	0.906587

图 7.41　灵敏度分析计算结果

输入完成之后，进行模拟计算，模型正常结束。

进入 Model Analysis Tools | Sensitivity | S－1 | Results | Summary 页面，查看灵敏度分析结果。

为了更直观的显示结果，可以利用 Aspen Plus 进行作图（见图 7.42），在灵敏度分析结果页面，点击 Home 选项卡下的 Results Curve 按钮，进入 Results Curve 对话框，选择需要的 Y 坐标，然后点击 OK。由于初始值 54 度在最后一个点，最好把初始值改为 140 之后进行作图。冷却器 COOLER 出口温度对 PRODUCT 中异丙苯摩尔分率的影响结果如图 7.43 所示。

7.3.4　优化

使用优化模块，调整决策变量（进料条件、模块输入参数或其他输入变量）来使用户指定的某个目标函数值达到最大或最小。目标函数可以是含有一个或多个流程变量的合法 Fortran 表达式。目标函数的容差是与优化问题相关的收敛模块的容差。

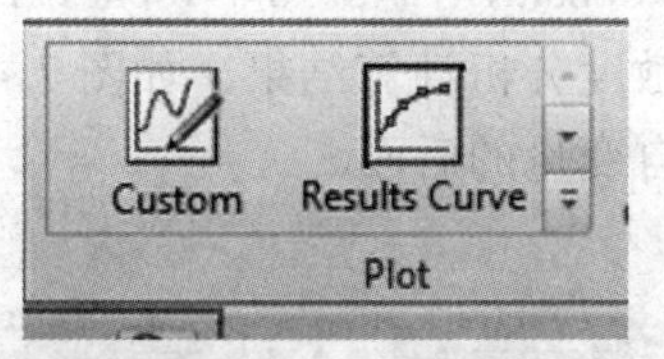

图 7.42 灵敏度分析结果作图方法

图 7.43 灵敏度分析结果曲线

用户可以对优化施加等式或不等式约束，优化中的等式约束类似于设计规定，约束可以是任意的流程变量函数，其通过 Fortran 表达式或内嵌 Fortran 语句计算得到，且必须指定约束的容差。

下面通过一个案例来说明优化功能的使用方法。

图 7.44 所示流程是一个二氯甲烷溶剂回收系统的一部分。

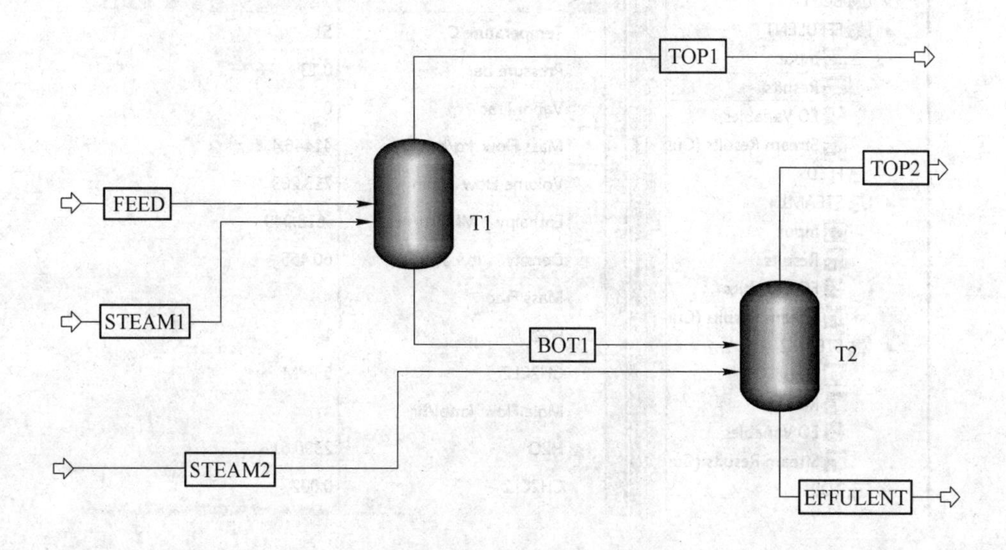

图 7.44 二氯甲烷溶剂回收流程

两个闪蒸塔 T1 和 T2 分别在 0.14MPa 和 0.13MPa 绝压下绝热运行。

物流 FEED 中含有 0.65t/h 的二氯甲烷和 45t/h 的水，温度为 40℃，压力为 0.16MPa。建立如下所示的模拟，使物流 STEAM1 和 STEAM2 中的蒸汽总用量最少，物流 STEAM1 和 STEAM2 都含有 1.5MPa 绝压下的饱和蒸汽。

要保证容差在 2×10^{-6} 之内，从 T2 出来的物流 EFFLUENT 中的二氯甲烷的最大允许浓度应为 150×10^{-6}（质量分率）。

物性方法用 NRTL 法。两股蒸汽物流的流量范围为 0.4t/h 到 9t/h。

输入组分水和二氯甲烷，采用 NRTL 方法，并在 simulation 环境中搭建好流程图。输入模块数据和物流数据，由于 STEAM1 和 STEAM2 的流量数据未知，可以设定初值为 1t/h。进行计算保证模型可以正常收敛。如图 7.45 所示是从 T2 出来的物流 EFFLUENT 中的二氯甲烷的基础模拟结果。

进入 Model Analysis Tools | Optimization 页面，点击 New... 按钮，采用默认标识 O-1，创建优化模块，如图 7.46 所示。

点击 Next 按钮，进入 Model Analysis Tools | Optimization | O-1 | Input | Vary 页面，定义变量，本例中的变量是 STEAM1 和 STEAM2 两个蒸汽的质量流量，因此定义两个变量 S1 和 S2，分别表示 STEAM1 和 STEAM2 的质量流量，定义优化变量如图 7.47 所示。

点击 Next 按钮，进入 Model Analysis Tools | Optimization | O-1 | Input | Objective &

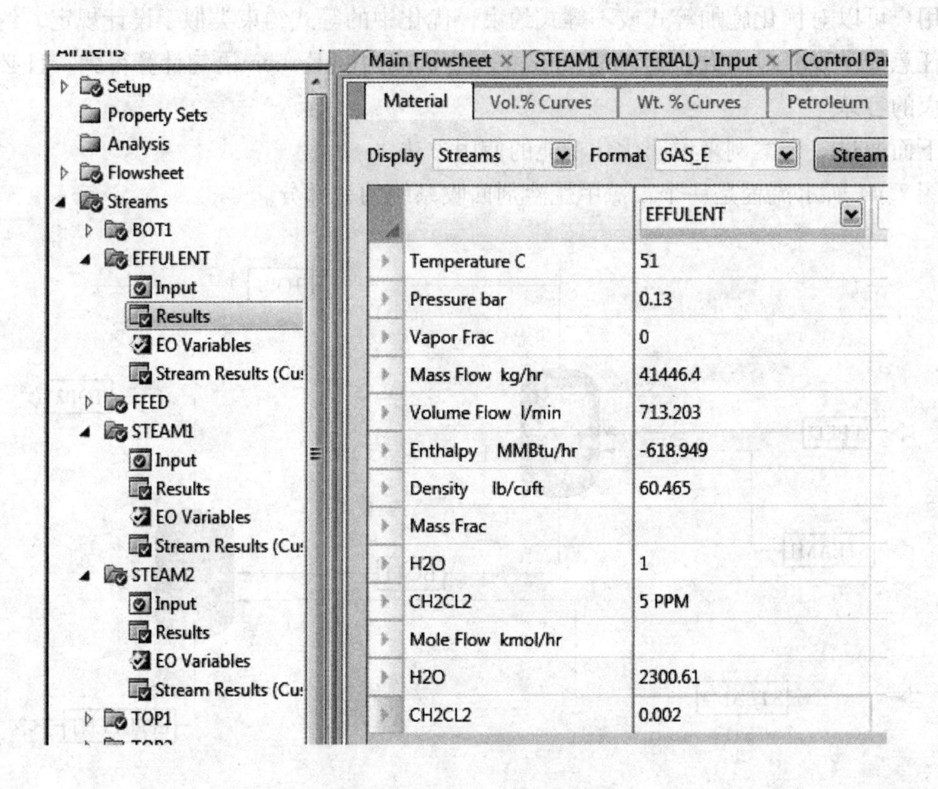

图 7.45 基础模拟的结果

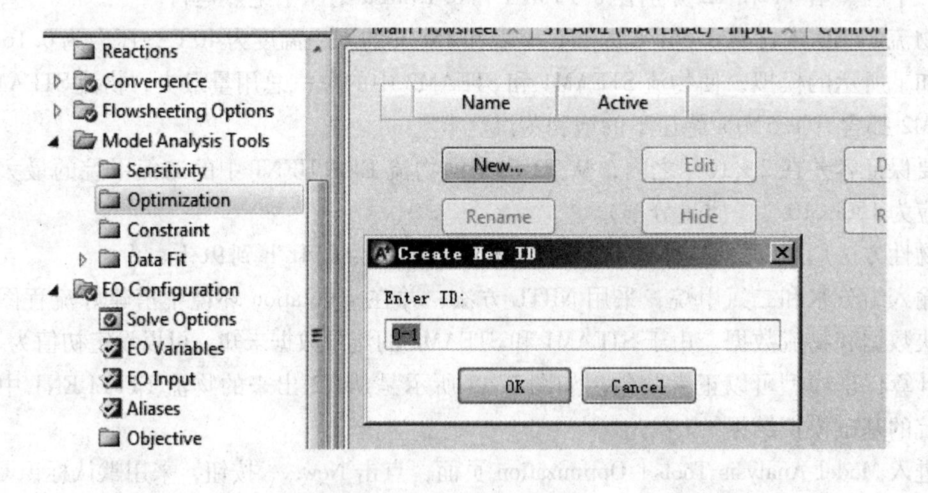

图 7.46 创建优化模块

Constraints 页面，定义优化的目标和约束条件，本例中目标是最小化 S1 + S2，约束条件为从 T2 出来的物流 EFFLUENT 中的二氯甲烷的最大允许浓度应为 150×10^{-6}（质量分率）。因此，需要新建约束，在 Selected constraints 部分点击 New，默认 C－1，点击 OK，建立优化的约束条件，如图 7.48 所示。

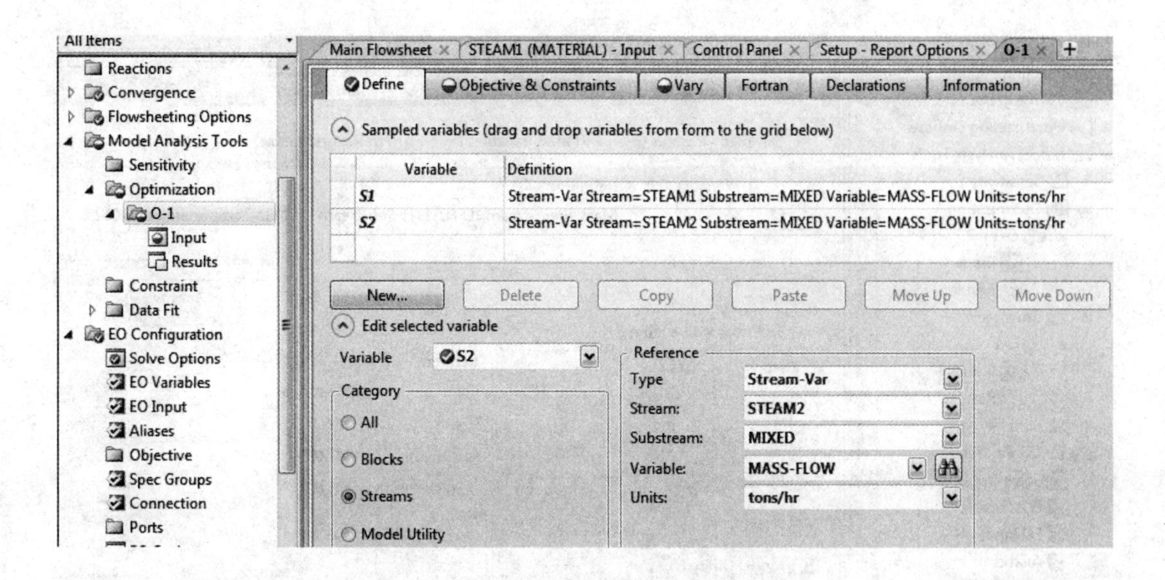

图 7.47　定义优化变量

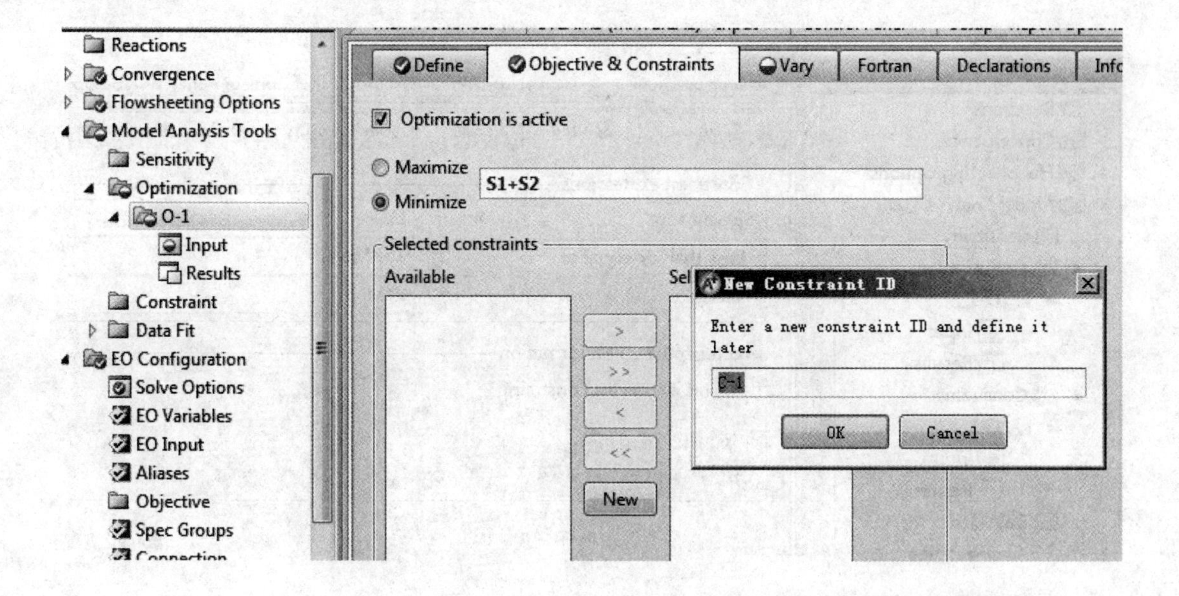

图 7.48　建立优化约束条件

点击 Next 按钮，进入 Model Analysis Tools | Constraint | C－1 | Input | Define 页面，定义约束条件的变量（见图 7.49），在本例中，定义 E1 为 EFFLUENT 中的二氯甲烷的质量分率。

点击 Next 按钮，进入 Model Analysis Tools | Constraint | C－1 | Input | Spec 页面，定义约束条件（见图 7.50），在本例中，定义 E1 小于等于 150×10^{-6}。

点击 Next 按钮，进入 Model Analysis Tools | Optimization | O－1 | Input | Vary 页面，

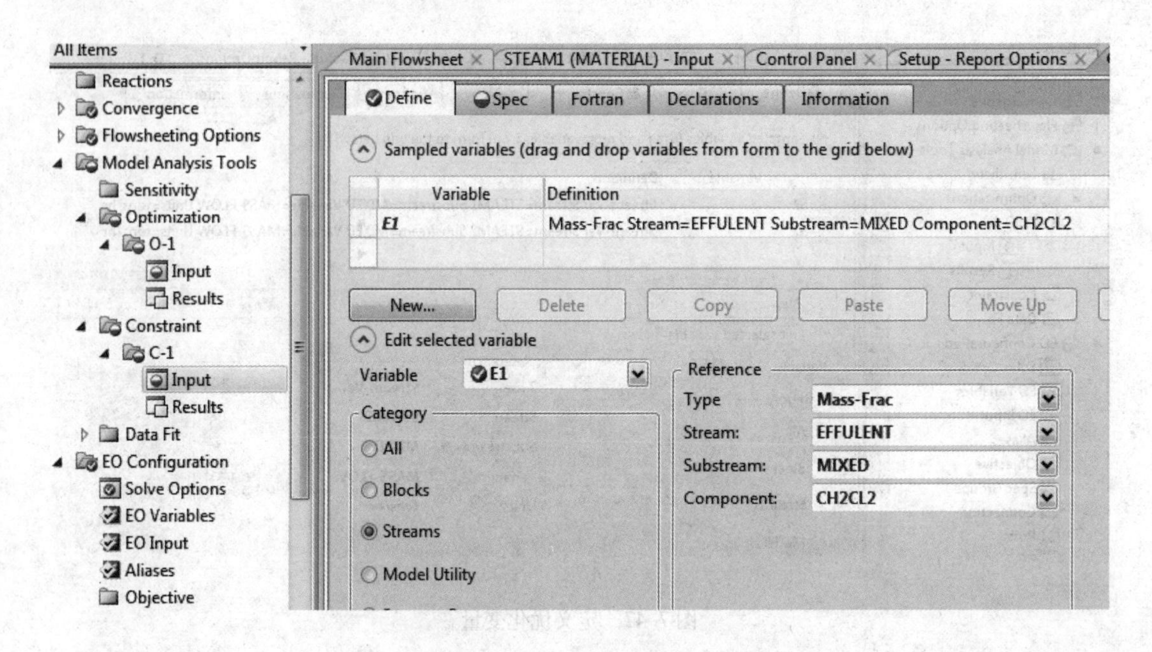

图 7.49　定义约束条件变量

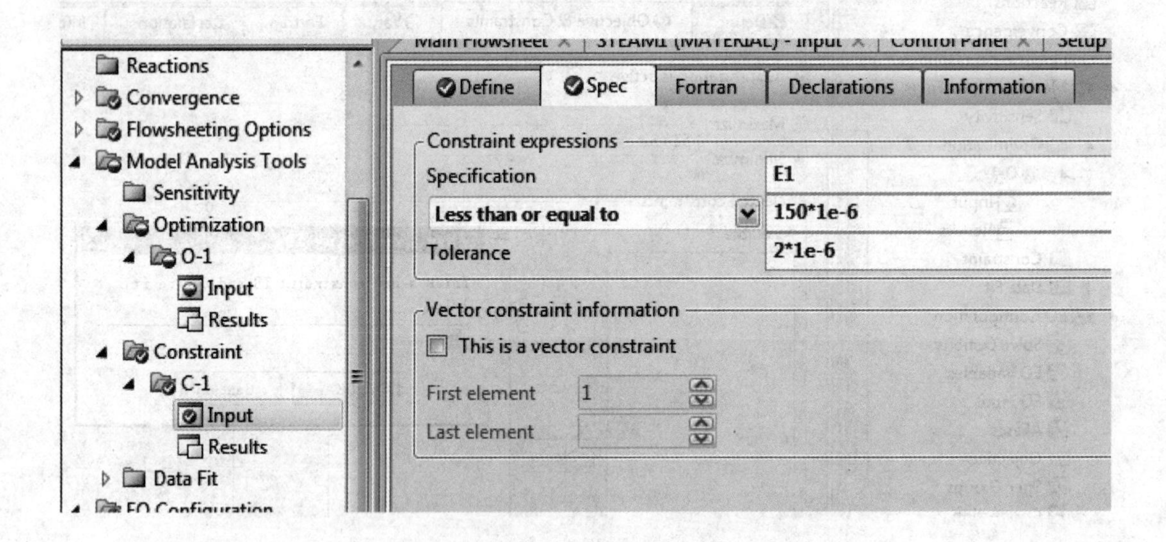

图 7.50　定义约束条件

定义决策变量（见图 7.51），决策变量为两个蒸汽的质量流量，范围从 0.5～9t/h。

定义好目标函数和约束条件后，点击 Next 按钮进行计算，计算结果正常收敛。从 Model Analysis Tools | Optimization | O－1 | Input | Results 中可以看出 S1 和 S2，即两个蒸汽量，最终优化结果如图 7.52 所示。

从 EFFLUENT 中的二氯甲烷的质量分率中也可以看出，约束条件起了作用，最终优化结果满足约束，如图 7.53 所示。

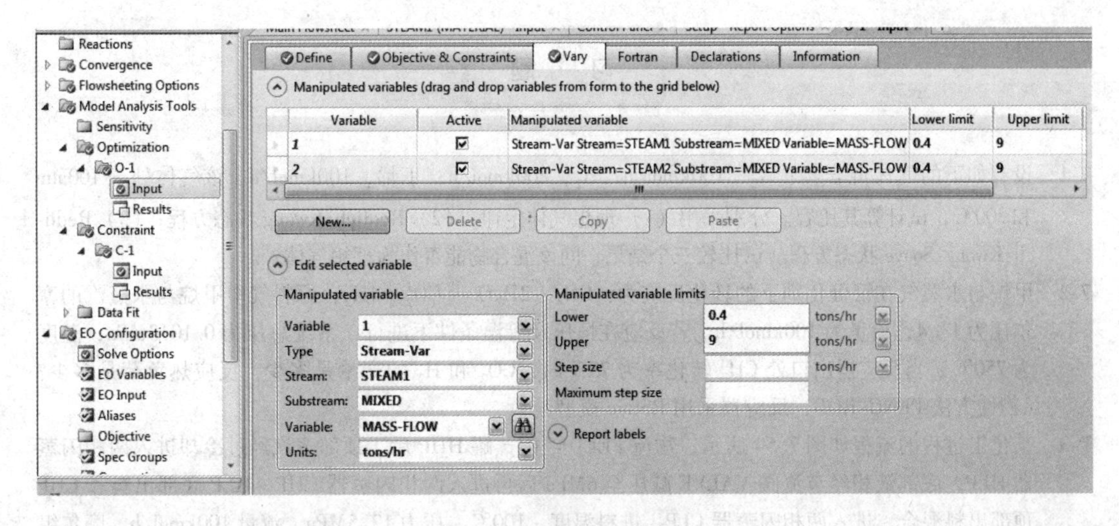

图 7.51　定义决策变量

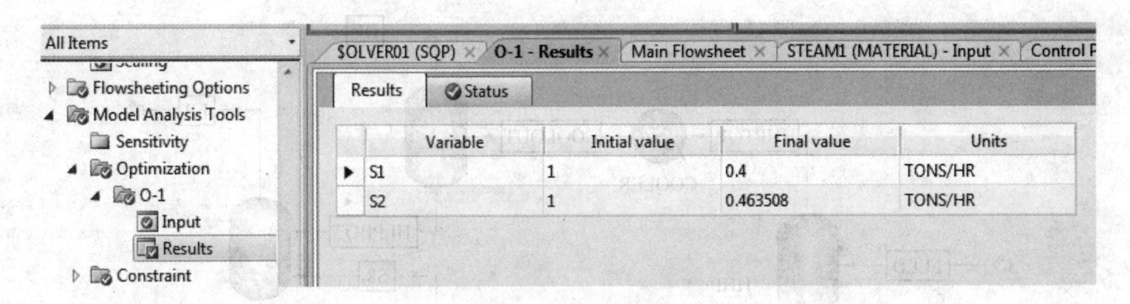

图 7.52　最终优化结果

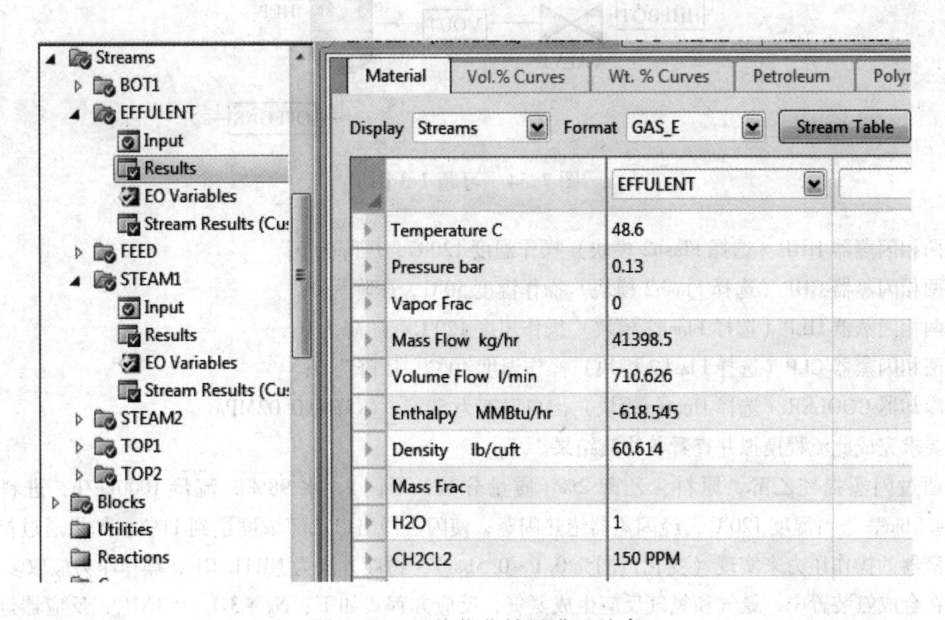

图 7.53　最终优化结果满足约束

习 题

7-1 设有如下的气体混合物：N_2，100kmol/h；H_2，200kmol/h；丁烯，100kmol/h。该气体处于100atm和300℃，试计算其比容。分别采用（1）理想气体定律；（2）Redlich-Kwong状态方程；（3）Redlich-Kwong-Soave状态方程。试比较三个结果，问该混合物能否作为理想气体？

7-2 甲烷与水蒸气在镍催化剂下的转化反应为：$CH_4+2H_2O \rightleftharpoons CO_2+4H_2$，原料气中甲烷与水蒸汽的摩尔比为1∶4，流量为100kmol/h。若反应在恒压及等温条件下进行，系统总压为0.1013MPa，温度为750℃，当反应器出口处CH_4转化率为73%时，CO_2和H_2的产量是多少？反应热负荷是多少？（物性方法PENG-ROB，反应器采用RStoic模型）

7-3 某化工过程的流程如图7.54所示，物流FEED经闪蒸罐HHP后，顶部蒸汽经过冷却进入两相闪蒸器HLP，底部液相经节流阀VALVE减压至6MPa后再进入两相闪蒸器CHP。HLP底部出料和CHP顶部出料混合，进入两相闪蒸器CLP。进料温度-100℃，压力12.5MPa，流量100kmol/h，摩尔组成为氢气0.60、甲烷0.10、正己烷0.30。物性方法选择RK-SOAVE。

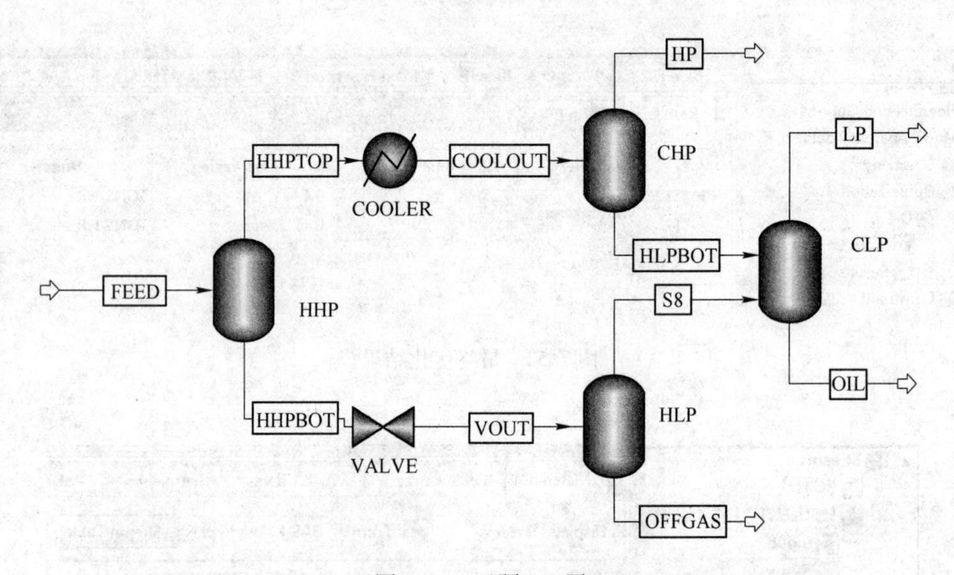

图7.54 习题7-3图

两相闪蒸器HHP（选择Flash2模块）操作温度120℃，压降为0；
两相闪蒸器CHP（选择Flash2模块）操作温度50℃，压降为0；
两相闪蒸器HLP（选择Flash2模块）操作温度120℃，压降为0；
两相闪蒸器CLP（选择Flash2模块）操作温度40℃，压降为0；
冷却器COOLER（选择Heater模块）出口温度为50℃，压降为0.02MPa。
要求完成此流程模拟并查看各物流结果。

7-4 通过闪蒸提纯乙醇，原料含乙醇2%（质量分数，下同），水98%，流量1000kg/h，进料压力4.0bar，进料温度120℃，经闪蒸器绝热闪蒸，使闪蒸器出口乙醇浓度达到11%。如果通过控制闪蒸器的操作压力来实现（变化范围为0.1～0.5bar），物性方法为NRTL-RK，操作压力应取多少？

7-5 在合成氨装置中，氮气和氢气反应生成氨气，反应方程式如下：$N_2+3H_2 \rightleftharpoons 3NH_3$，反应器进料为在进反应器之前混合加热。氢气转化率为16%，进料氮气对氢气的摩尔比是4∶1。创建如图7.55

所示的流程，建立灵敏度分析，并绘制图表，显示反应器热负荷随进料中氢气流率的变化情况，氢气流率变化范围为：100～500kmol/h。（物性方法 PENG-ROB，反应器采用 RStoic 模型）

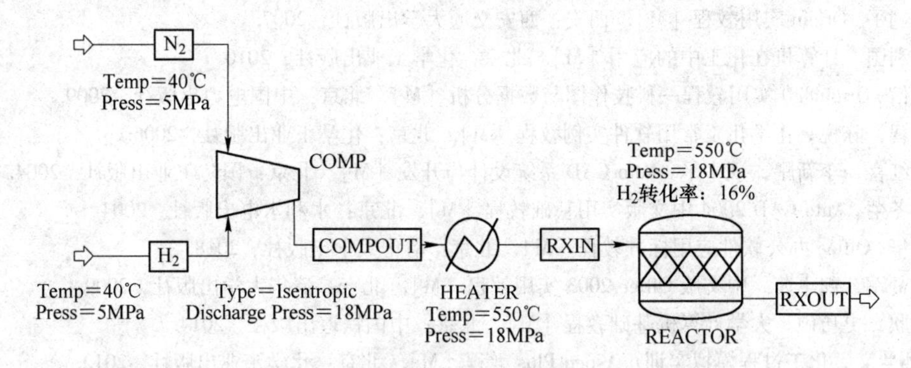

图 7.55　习题 7-5 图

7-6　甲醇和水的混合溶液，其摩尔组成为 80% 的水和 20% 的甲醇，进料温度 40℃，压力 1.2bar，流量 1000kmol/h。现欲在 1.2bar 条件下经过两步闪蒸，将甲醇提纯到 60%（摩尔分数）之后作为产品，如图 7.56 所示。如何设置 FLASH1 和 FLASH2 的闪蒸汽化分数（变化范围 0.2～0.9），才能使产品 PRODUCT 的产量最大？

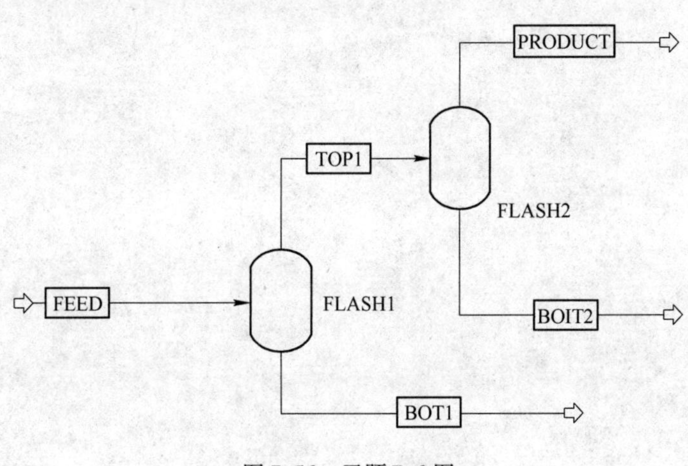

图 7.56　习题 7-6 图

参考文献

[1] 周剑平 . Origin 实用教程［M］. 西安：西安交通大学出版社，2007.

[2] 方利国 . 计算机在化工中的应用［M］. 北京：化学工业出版社，2010.

[3] 肖信 . Origin8. 0 实用教程—科技作图与数据分析［M］. 北京：中国电力出版社，2009.

[4] 彭智，陈悦 . 化学化工常用软件实例教程［M］. 北京：化学工业出版社，2006.

[5] 刘红喜，李新鹏，魏中平 . Auto CAD 系统设计与开发［M］. 北京：国防工业出版社，2004.

[6] 杜冬菊 . Auto CAD 2004 中文版实用基础教程［M］. 北京：水利水电出版社，2004.

[7] 谢华 . Office 办公软件应用标准教程［M］. 北京：清华大学出版社，2018.

[8] 徐贤军，魏惠茹 . 中文版 Office 2003 实用教程［M］. 北京：清华大学出版社，2009.

[9] 柴欣，史巧硕 . 大学计算机基础教程［M］. 北京：中国铁道出版社，2014.

[10] 孙兰义 . 化工过程模拟实训：Aspen Plus 教程［M］. 北京：化学工业出版社，2012.

[11] 熊杰明，李江保 . 化工流程模拟 Aspen Plus 实例教程［M］. 北京：化学工业出版社，2016.

[12] 武汉大学 . 化工过程开发概要［M］. 北京：高等教育出版社，2002.